[波] 耶日·拉斐尔斯基 著
赵 祯／袁卿子／许湘健／张 蜜／
白锌铜／吕淑涵 译

——自然观察探索百科系列丛书——

星球大百科

四川科学技术出版社

目录

引言　　　　　　　　　　　　　　　　　　5

太阳系——以太阳为中心的大家族　　　　6

水星——艺术家的星球　　　　　　　　　8

水星——极端的星球　　　　　　　　　　10

水星——天气预报　　　　　　　　　　　12

金星——爱情之神　　　　　　　　　　　14

金星——地狱深处　　　　　　　　　　　16

金星——天气预报　　　　　　　　　　　18

金星在太阳的表面　　　　　　　　　　　20

地球的发现者　　　　　　　　　　　　　22

地球——充满色彩的星球　　　　　　　　24

地球——明显的"大星球"　　　　　　　　26

地球——生命的栖息地　　　　　　　　　28

地球——天气预报　　　　　　　　　　　30

日食——光明与黑暗的游戏　　　　　　　32

月球——夜里的光亮　　　　　　　　　　34

月食——血腥的标志　　　　　　　　　　36

月球——地球的"儿子"　　　　　　　　38

月球——最漫长的旅途　　　　　　　　　40

月球——天气预报　　　　　　　　　　　42

火星——战神　　　　　　　　　　　　　44

火星——红色星球　　　　　　　　　　　46

火星——天气预报　　　　　　　　　　　48

得摩斯和福波斯——恐惧和威胁　　　　　50

红色星球上的绿色小人　　　　　　　　　52

小行星，没有成形的行星　　　　　　　　54

小行星——矿藏　　　　　　　　　　　　56

陨石——行星的碎片　　　　　　　　　　58

木星——雷电之神朱庇特　　　　　　　　60

木星——行星中的巨人　　　　　　　　　62

木星的卫星——宙斯的伴侣　　　64

木星及其卫星——天气预报　　　66

土星——时间之神　　　68

土星——行星环的统治者　　　70

土星的卫星——冰雪世界　　　72

土星及其卫星——天气预报　　　74

天王星——乔治之星还是赫歇尔之星?　　　76

天王星——绿松石的世界　　　78

天王星的卫星——诗意的幽灵　　　80

天王星及其卫星——天气预报　　　82

海王星——数学的力量　　　84

海王星——蔚蓝色的星球　　　86

海卫一——太阳下最冷的地方　　　88

海王星及其卫星——天气预报　　　90

火神星?　　　92

冥王星与祖先的传说　　　94

冥王星——逐渐"退步"的星球　　　96

冥王星——天气预报　　　98

类冥矮行星——成千上万的冥王星　　　100

彗星——被冰封的历史　　　102

尼比鲁——从未存在的星球　　　104

星球的诞生——在宇宙尘中形成　　　106

行星生命的黄昏——重归尘土　　　108

脉冲星的世界　　　110

太阳系外行星　　　112

超级地球　　　114

3

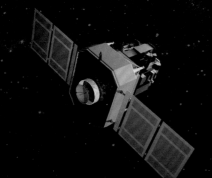

4

引言

在学校的2楼，19号教室里，现在正在上第五节课，课堂内正在进行这样一场讨论：

"太阳系外已经发现多少颗行星了？"

"3 800多颗！"

"太阳系之外？嗯……我觉得应该没有吧！"

"你快坐下吧，是3 874颗，你的天文学知识根本不及格！数以千计的人都发现了它们！"

"怎么可能，要知道，一共只有8颗行星啊！"

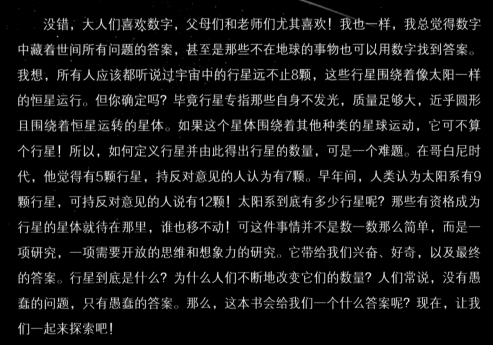

没错，大人们喜欢数字，父母们和老师们尤其喜欢！我也一样，我总觉得数字中藏着世间所有问题的答案，甚至是那些不在地球的事物也可以用数字找到答案。我想，所有人应该都听说过宇宙中的行星远不止8颗，这些行星围绕着像太阳一样的恒星运行。但你确定吗？毕竟行星专指那些自身不发光，质量足够大，近乎圆形且围绕着恒星运转的星体。如果这个星体围绕着其他种类的星球运动，它可不算个行星！所以，如何定义行星并由此得出行星的数量，可是一个难题。在哥白尼时代，他觉得有5颗行星，持反对意见的人认为有7颗。早年间，人类认为太阳系有9颗行星，可持反对意见的人说有12颗！太阳系到底有多少行星呢？那些有资格成为行星的星体就待在那里，谁也移不动！可这件事情并不是数一数那么简单，而是一项研究，一项需要开放的思维和想象力的研究。它带给我们兴奋、好奇，以及最终的答案。行星到底是什么？为什么人们不断地改变它们的数量？人们常说，没有愚蠢的问题，只有愚蠢的答案。那么，这本书会给我们一个什么答案呢？现在，让我们一起来探索吧！

耶日·拉斐尔斯基

太阳系

——以太阳为中心的大家族

太阳系是什么？嗯，简单点说，就是有8颗行星以太阳为中心转动。这8颗行星几乎都在一个像桌面一样的平面上，沿着相同的方向旋转。这些行星都是或大或小的球体，它们有着不同的颜色，不同的纹理……并像陀螺一样自我旋转。哦，对了，除了行星，还有矮行星和上百颗行星的卫星，以及数以亿计的太阳系小天体……嗯，就这些。通常，在这样的解说旁边会有一幅太阳系图片。这些解说图片会让人走进一个误区——行星与行星间的距离很短，所以从地球去往另一个行星简直是轻而易举。但是，如果能够正确地看待行星之间距离的数量级，我们眼前就会呈现出一幅完全不同的画面！假设地球是一个直径为10厘米的小球模型，把这个小球放进一个大房间里，在这种情况下，它离太阳有多远呢？太阳会在地球模型所在的这个房间里吗？很遗憾，在比例相同的情况下，太阳在距离地球约1千米以外的地方！那么其他行星呢？其实，以正确的比例建立行星系统模型真的需要很多空间。例如对我们的这个地球模型而言，土星会是一个直径1米的球体，并在距离地球10千米的位置。这真是令人惊奇！所以，在行星之间旅行非常不容易。太空探测器必须飞行几个月甚至几年的时间才能到达其他行星，因为太阳系真的太广阔了！

让我们一起来建造太阳系模型

太阳系里不止有行星！我们都知道，地球并不孤单，因为有月球陪伴着它。月球是一颗直径将近地球直径四分之一的卫星。地球有卫星并不是特例，因为大多数行星都有自己的卫星。木星和土星甚至各有几十颗卫星！此外，那些太阳系中个头巨大的行星们还拥有自己的环。在我们建造的太阳系模型中，火星和木星之间还应该添加一些小石头和岩石。用它们组成小行星带——也就是那些还未成为行星的碎片。此外，在模型边缘，我们还应该放上一些雪一样的碎屑和小冰砾，用来代表柯伊伯带。在行星内部还应该放上小磁石，它们可以模拟磁场。此外，我们还要放上带尾巴的彗星，并在整个模型中撒上沙子和尘土，代表来自太阳的高能粒子。至此，我们的太阳系模型就做好了！当然，我们一定不要忘记星球之间巨大的空隙！

从水星到海王星

太阳系一共有8颗行星，它们是：水星、金星、地球、火星、木星、土星、天王星和海王星。曾经，我们把冥王星也算在内，当时它是最外面的一颗行星，但是国际天文联合会在2006年重新定义了行星，将它从这个队伍中移走了。

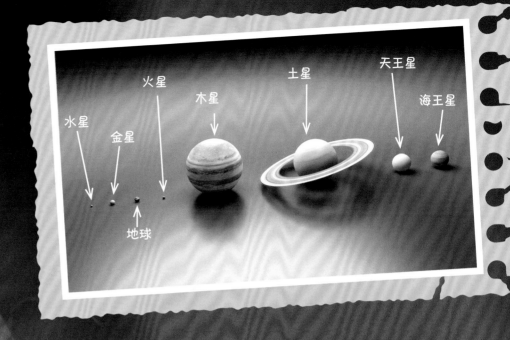

关于行星的顺口溜

当学生们试图记住这些行星的顺序时，他们编出了这样一个顺口溜：

水金地火木土天，
海王行星绕外边。

冥王星，出局！

天文学家决定给予行星新的定义（请看左下文字），这样一来，冥王星就被踢出了行星的队伍，分配到矮行星的行列。虽然天文学家有着聪明的脑袋，但他们还是发问道：根据定义，冥王星不再是一个行星，而是矮行星，可矮行星到底是不是行星呢？还有许多人对于冥王星的出局感到愤怒，甚至有很多人根本不认可国际天文联合会的决定。这其中还存在着很多的混乱。在托伦天文馆中有这样一首小诗：

"虽然很多专家仍在发表自己的见解，但这个太阳系已经更新换代。"

行星的定义

2006年，出席国际天文联合会的天文学家们决定把这样的星体称作行星：

必须是围绕恒星运转的天体；

质量必须足够大，它自身的吸引力必须和自转速度平衡使其呈圆球状；

不受到轨道周围其他物体的影响，能够清除其轨道附近的其他物体，且公转轨道内不能有比它更大的天体存在。

水星
——艺术家的星球

人们常说，能够用肉眼看到水星的人，那一定是一个不错的艺术家，但是水星被称作"艺术家之星"并不是因为这个。想要在天空中找到这颗星星并不简单。这不奇怪，作为最靠近太阳的一颗行星，它每时每刻都被太阳的光芒笼罩着。那么，当太阳源源不断地发光时，我们要如何找到一个小而灰暗的星球呢？答案是，你可以在日出之前或日落之后寻找它。此时，太阳位于地平线以下，只剩下澄澈的碧蓝色天空，你找到它会相对容易一些。如果有双筒望远镜，那么你的搜索将变得更加容易。观测它的方法是，用地平线附近的物体——树木或建筑物——将它定好位后，再用肉眼观测。当然，即便如此，你想要找到水星的位置也并不容易！所以哪怕是哥白尼也很可能并没有观测到这颗星球。如果你想要比哥白尼做得更好的话，那就试着在天空中找一找水星吧。在春天的时候，找个好天气，在日落后观测；或在秋天，黎明时起床，在深蓝的天空中向东部地平线搜索。当然，你还得有一个好运气，因为太阳光遮掩的关系，能够直接观察到水星的时间非常短。

爱马仕的带翼靴子

古人已经注意到水星的古怪行径。它喜欢躲起来，不断地变换自己的位置，经常在观察者的眼里隐身。你能将水星的这种行为与谁联系到一起？当然是那些经常旅行，或者藏起来不让别人抓到自己的人啊！水星早上能见一次，下一次见面就是晚上了。这也是为什么古希腊人称这颗星球为爱马仕或阿波罗，因为他们最初认为这是两个不同的行星。只有古罗马人用自己的方式称它为水星。和希腊人一样，他们也认为水星是神的使者，同时也是商人、旅行者以及——小偷的守护神！它的形象被描绘成一个穿着带翼的靴子、顶着带翼的帽子的年轻人，手中拿着带翅膀的权杖。的确，需要许许多多的翅膀才能在天地间快速穿梭。对于巴比伦人而言，水星是纳布，它是作家的守护神，也保佑着其他的尊贵人士。

水星　太阳

地球

观测水星的最好时机，是当太阳最早升起和最晚落下的时候，在日出前和日落后进行观测，也就是说，日出越早，日落越晚，观测水星的时机越好。

水星的标志

水星上的莎士比亚

早就有天文学家怀疑，水星有点像我们地球的卫星——月球。太空探测器的照片证实了这些猜想。水星的灰色的表面布满了数以千计的环形山或者陨坑。人们决定用那些著名作家、诗人、画家和作曲家的名字来命名这些环形山。在众多世界级大师中，我们会找到莎士比亚、米开朗琪罗、巴赫、莫扎特，还有密茨凯维支和肖邦。

水星上的肖邦坑和密茨凯维支坑

密茨凯维支坑

肖邦坑

水星的数据

位置： 太阳外第一个行星
直径： 4 879千米
公转周期： 87.97个地球日
自转周期： 58.65个地球日
太阳日长： 175.94个地球日
已知卫星数量： 0

水星与地球

宇宙中的乒乓球

水星是太阳系最小的行星。它的直径约为地球的三分之一。在我们的设想模型中，地球是一个10厘米的球，水星就像距这个球大约720米远的一个乒乓球。它一直沐浴在太阳的光辉中，经常被太阳光遮掩住身影，它的运动看上去就像一个球从桌子的一侧跳到另一侧。难怪这个星球这么难观测，即使是通过最大的望远镜也不容易发现。

水星
——极端的星球

有些人不喜欢水星，因为它很小，而且灰扑扑的，没有大气层，却在八大行星中排行首位。没有比这更糟的了！抛开其他，即使是单从温度角度而言，水星也是一个可以讨论很长时间的星球。晚上，当太阳从水星的地平线隐去时，水星的地表温度急剧下降到约零下200摄氏度，但是在太阳升起后又快速变热，温度可达400多摄氏度！请注意，这不是空气的温度——我们在地球上测量到的温度通常是受空气影响，而水星上几乎没有空气。这在整个太阳系行星系统中简直是最疯狂的温度现象。

水星上的太阳运动

在水星上看，一天中，太阳并不像在其他星球上那样在天空中滑动，而是像静止在某个位置一样，渐渐向西方缩小，并以这样的变化模式反复。这种日落机制有些奇怪。这是关于水星的另一个奇怪现象导致的结果——根据观测，水星每公转2圈就会自转3圈。它并不像地球那样，简简单单地自转一周就是一天。水星的自转周期接近60个地球日，而它的一天却有176个地球日那么长！这一切都是由于它围绕太阳旋转时的扁长的椭圆形轨道！所以，谁说水星的世界一定是无聊的呢？

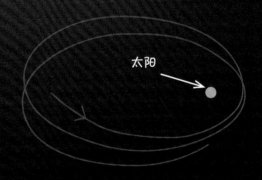

太阳

水星的运动轨迹

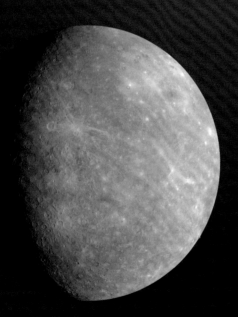

水星真实的颜色

爱因斯坦与水星

水星异常奇怪的运动轨迹被爱因斯坦借助来证明他的相对论。因为这个星球沿着扁长的椭圆轨道运行，它有近日点，且近日点应该基本固定，但水星的近日点位置却有很大变化。

这个现象很久以前就被人们知晓，只是长久以来没有科学家能够搞明白原因。最后，爱因斯坦用广义相对论完美地解释了水星近日点的运动。

邮票上的"水手10号"探测器

宇宙中的"水手"

"水手10号"是第一个掠过水星的航天器，它发回了相当多的图片和数据。1973年，它交出了对这颗离太阳最近的行星的考察报告。为了纪念此事，这艘探测器的形象甚至出现在了邮票上。

烧烤架上的电脑

谁敢把他最新款的电脑或最昂贵的相机放在发烫的烧烤架上？这个问题似乎相当可笑，但是，那些想要近距离研究水星的科学家恰恰要思考这个问题。他们必须做的是准备一批极其昂贵的研究设备、相机、电子探测器，并把它们发送到水星这个"烧烤架"附近。这并不是一件容易的事，因为在水星，太阳将把一切物体升温至几百摄氏度！所以，这个探测器必须使用一个像太阳伞一样的特殊遮盖物。以这样的设计理念建造的"信使号"空间探测器，就是"水手10号"探测器的接班人。

水星内部

空间探测器提供了水星表面的照片。除此之外，它们还干了更多有意义的事。多亏了"信使号"长臂上的磁力计，让水星微弱的磁场被探明。这表明这个星球内部可能存在大量的铁，就像地球一样。与此同时，人们发现地球和水星是八大行星中平均密度数一数二的。这颗太阳系排名首位的行星常常受到岩石碎片的轰击，这些岩石碎片不仅在其表面留下了无数撞击坑，而且从外部击薄了它的外层结构，使得它的厚度进一步降低。

水星地壳

水星地幔

水星地核

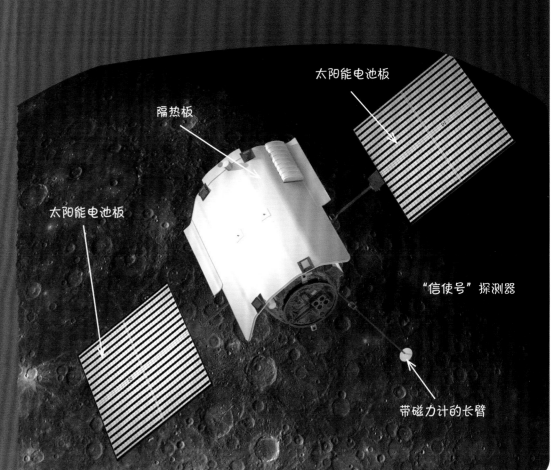

太阳能电池板

隔热板

太阳能电池板

"信使号"探测器

带磁力计的长臂

水星

—天气预报

430 ℃

-180 ℃

现在是水星天气预报时间。明天水星的天气情况不会有较大的变化。白天阳光灿烂，高温持续。在面向太阳的那面，水星最热的地方在赤道附近。那里的预期温度为430摄氏度。在背着太阳的地方和极点地区会凉爽得多。极地环形山底部的温度可能低于零度甚至造成结冰。在太阳照射的地方，全面禁止日光浴，因为阳光会在几分之一秒内破坏人的皮肤。紫外线指数将在中午达到极限，因此建议使用防止紫外线过敏屏蔽罩。最好的屏蔽罩是多层隔热套装。白天，也就是太阳在地平线上的时间，将会长达88个地球日。在一天结束时，可能会出现两次日落。夜晚将是澄澈的，无风也无云。唯一的警告是温度将会骤降至零下180摄氏度。这是观测恒星和其他行星的绝妙时机，其中就包括地球，但是你不会看到月亮。水星夜晚将长达88个地球日，这之后将出现两次日出。黎明时分，水星温度就会达到400摄氏度。残余的大气压力为0.000 000 01百帕，只有地球压力的十亿分之一。由于缺少天气变化和四季，预计水星在接下来的几天甚至几年内都不会有天气变化。

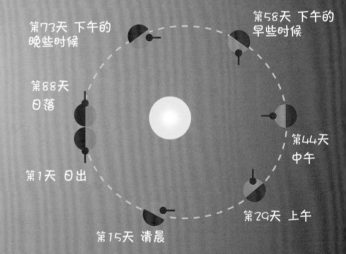

水星的第一年——白天

第73天 下午的晚些时候
第58天 下午的早些时候
第88天 日落
第44天 中午
第1天 日出
第29天 上午
第15天 清晨

疯狂的水星

水星奇怪的自转现象和其围绕太阳公转的椭圆形轨道相结合，导致其自转轴与地球的自转轴截然不同，这和这颗行星上的白天夜晚直接相关联。水星沿自己自转轴的转动是恒定的，但当它离太阳最近时，它的公转运动会加快。虽然这种现象很复杂，但如果我们想象一下在水星地面上有一根棍子，那么我们就能很容易地理解水星的疯狂举动了。

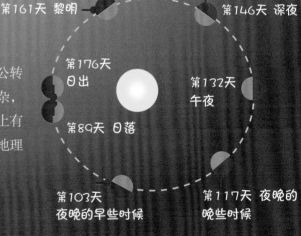

水星的第二年——夜晚

第161天 黎明
第146天 深夜
第176天 日出
第132天 午夜
第89天 日落
第103天 夜晚的早些时候
第117天 夜晚的晚些时候

关于水星的科幻场面

未来的水星基地

水星对于地球人而言，似乎并不友好。但谁知道呢？或许未来的某一天，它就会被地球"殖民化"。建造水星基地最好的地区应该是在水星的北极附近。那里的撞击坑虽然永远处于黑暗之中，但正因为如此，在这片阴凉的地方，你可以从彗星撞击坑中找到由水结成的冰。正如我们知道的那样，人需要水和太阳能来维持生命，所以这样的过渡区域看上去是最宜居的。水星的质量较低，使得所有物体的重力都只有地球上的三分之一，这使人类能轻松地建造较为沉重的建筑物。

巨型撞击坑

卡洛池，又称为卡洛平面，是水星上一个直径超过1 500千米的大型平坦撞击坑，就像是一个"从天上掉落的平原"。它离赤道和180度子午线不远，所以太阳将这个地方烤得很热。当太阳升起且与地平线夹角最大的时候，水星最接近太阳。

水星上的米老鼠

如果将来人类真的居住在水星上，那么他们一定会经常利用永远晴朗的天气去旅行。除了平原之外，有趣的旅游景点可能会包含一个像是笑脸的陨石撞击坑。除此之外，还有一些类似米老鼠形状的撞击坑也值得一游。唯一的问题是：在水星生活几百年后，人们大概已经忘记这种形状是什么了吧？

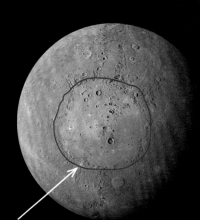

从天上掉落的平原

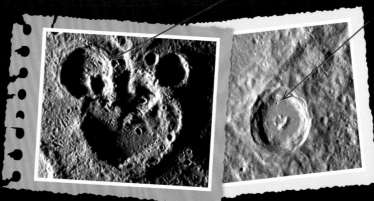

金星
——爱情之神

有一个星球总是能引起人类的关注。因为它在黄昏时散发光芒，所以历史上它被认为是赫斯珀洛斯（希腊神话中黎明女神厄俄斯的儿子之一）掌管的星辰。但它喜欢跟人们捉迷藏，有时过九个月后才再次露面，可能不是在傍晚而是在黎明。这时的它又被认为是福斯福洛斯（赫斯珀洛斯的兄弟）掌管的星辰。很长一段时间里，古希腊人都不知道这其实是同一颗星，后来古希腊人从古巴比伦人那里获得了关于这颗星的知识，它就是金星，爱与美之神阿佛洛狄忒便成了它的化身。罗马人将它称为维纳斯，也是美丽与爱的象征。有些人也将它与毛蕊花联想到一起。黄昏时分，当它出现在落日余晖中时，有人称它为夜晚之星；当它昭示着一天的开始时，有人又称它为黎明之星。有时，它的光芒是如此强烈，以至于能使物体产生阴影！即使是在万家灯火的今天，哪怕是在月光明媚之时，它仍然吸引着路人的目光。

14

镜子，
镜子，
告诉我……

金星的标志是底部带有一个十字的圆。这通常被想象成一面与美丽有关的梳妆镜，而这种形状也是女性气质的象征。直到今天，人们仍然开玩笑地表示：女人来自金星！

← 金星

← 月亮

太阳落山后，很容易
观察到金星和月亮

金星的标志

透过望远镜看金星

在过去的很长一段时间里，天文学家一直不知道这样一个明亮的星球来自何方。直到4个世纪前，伽利略第一次用望远镜对准金星，他看到了类似月球的形状。很明显，金星肯定是球形的，但是由于太阳没有照亮整颗星球，所以金星呈现出了不同的形状。当金星从狭窄的镰刀形变为几乎完整的圆盘形时，它的相位也随之改变，这排除了它是地球卫星的可能性，也证实了哥白尼的发现。然而，当时的人们还不明白，为何太阳光在这颗星球上的反射会如此强烈，也不清楚它到底有多大。

金星相位

地球

金星的数据

位置： 太阳外第二个行星
直径： 12 013.6千米
公转周期： 224.68个地球日
自转周期： 243.02个地球日
太阳日长： 116.75天
已知卫星数量： 0

金星

地球

地球的双胞胎

金星被称为地球的双胞胎。它的大小和地球非常接近。与我们的地球一样，金星也被厚厚的大气层覆盖。据了解，正是这层厚厚的大气层反射太阳光，才造就了这颗无比明亮的星星。

太阳下的天堂？

人们很快就开始思考，既然有一个与地球如此相近的星球，那里是否可能也存在着形态相近的生命呢？因为金星更加靠近太阳，应该更加温暖舒适。厚重的大气层是金星上温暖的海洋、湖泊和沼泽水蒸发的结果，而在炎热潮湿的地区，生命一定会异常蓬勃地发展。人们很容易就联想到，在金星植被茂密的沼泽中，隐藏着许许多多的昆虫和其他动物。"这是太阳下的天堂。"浪漫主义者这样说道。他们不知道，他们大错特错了……

金星凌日

在伽利略观测到金星凌日，也就是金星从太阳前方穿过的一个半世纪后，人们对于这个星球的大小做出了回答。同时，人们也看到了它周围闪闪发光的环带，这意味着金星有大气层。

金星

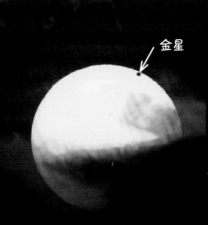

金星

——地狱深处

金星本该是第二个地球，它应该水量充足，温暖宜居。人们甚至想象未来能够在金星上度过一个假期……可是人们测量了金星的表面温度——居然是464摄氏度！这是测量误差吗？似乎不是，因为每一次的测量结果都是如此。金星从此成为太阳系最炎热的星球。可以想到的是，在这样的高温下是不太可能存在水资源的，金星的大气层与地球的也不尽相同。事实证明，那里存在的并不是雾和水蒸气，而是浓硫酸形成的云！虽然金星离太阳比水星远，但它的温度甚至超过了水星。这是温室效应在作怪。金星的大气注定它的环境与地球非常不同。第一个太空探测器就证实了这一点。金星的表面大气压比地球高出约93倍。在这个异常炎热的世界里，雷电现象非常普遍，与金星相比，地球上的雷电简直是不值一提。这一切仿佛恶毒的咒语一般突然袭来，金星一下从天堂般的星球变成了一个让人难以置信的地狱！

进入地狱般的登陆

第一阶段的登陆由苏联人完成。他们向金星发射了一系列无人探测器。探测器被命名为"金星"，并依次分配数字1、2、3……探测器"金星4号"进入了金星大气层，但最终失败了。后来的"维也纳5号"和"维也纳6号"也都被证明不足以抵抗金星强大的气压。只有"维也纳7号"安全登陆，并在金星表面待了足够长的时间，传回金星大气层的探测数据。

金星的气压

大量的数据会让人印象深刻，但却很难去想象真实的情况。我们如何获得比地球标准大气压高出90多倍的大气压？以自行车打气筒和大的注射器为例，用你的手指堵住它们的出气口，然后推动活塞，使它们往里移动99%的距离。你成功了吗？金星的大气压就是如此，要用活塞把30厘米长的气筒或针筒里的空气压缩到只有3毫米，才有可能得到比地球大气压高出90多倍的大气压！这是不可能完成的！如果给自行车打气筒内部施加100个标准大气压，它可能会鼓得像一个轮胎那样！

"金星9号"

探测器拍摄的金星照片

"麦哲伦号"探测器

再探"地狱"

　　1990年，美国的"麦哲伦号"探测器进入了金星的运行轨道。这一次，它的任务并不是着陆，而是拍摄整个星球表面的照片。由于金星完全被大气层所覆盖，人类只好借助于能够轻而易举穿透浓雾的雷达。在雷达的帮助下，人们第一次看见了拨开浓云后金星的真面貌。虽然颜色不是真实的，但是这个"地狱"的表面状况终于得见天日。

金星地壳

金星地幔

金星地核

金星内部

　　金星与地球差不多大，内部构造也很相似，都存在着液体或半固体的地核、地幔和固体的地壳。但与地球不同的是，我们不知道金星内部为何没有磁场。这个难题还在等待人们的解答。

火山和岩浆池

　　金星的表面火山遍布。许久以前流淌出来的岩浆和从地下喷涌而出又被大气压力抑制住的岩浆形成了很多峡谷。除了火山景观外，金星上还有直径为几千米的大型冲击坑。较小的陨石坑是不存在的，因为浓密的大气会焚化较小的陨石。

金星上的火山

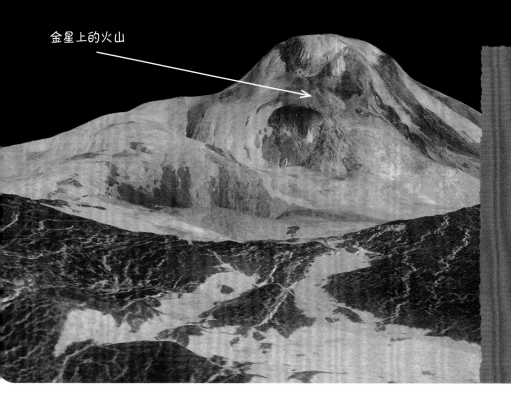

金星上的女士

　　最初，金星被认为与女士相关，所以国际天文学联合会决定用知名女性和神话中女神们的名字来命名金星上的各种地形地貌。比如雅德维加、爱娃、雅尼娜、艾米丽、宛达、佐莎苯达日夫斯卡、卡诺贝尼茨卡、兰多夫斯基、纳福卡夫斯基、傲来悉尼斯卡，巴本·雅根……

金星

——天气预报

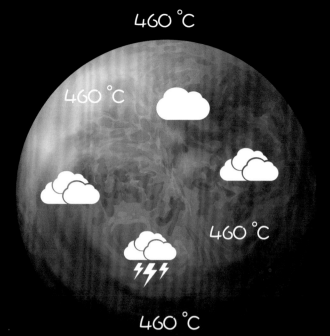

460 ℃
460 ℃
460 ℃
460 ℃

今天金星的天气预报没有好消息。白天以多云为主，不会太过晴朗。大气依然混浊，表面温度将达到460摄氏度。大气压力一如既往地大，高达93 000百帕。如果没有钢笼保护，不建议外出。下面是关于使用手机或平板电脑等普通电子设备的注意事项。电子设备的塑料外壳会被立即破坏，液晶层会蒸发，锡制的焊接口会熔化。风很弱，约为每小时几千米的速度，但会出现得很突然。由于大气密度大，走路会非常困难甚至跌倒。尽管紫外线辐射指数很低，但是强烈的热辐射会引起灼伤，因此不推荐晒日光浴。山上和火山顶部会有小雨，但伞是多余的，因为滚烫的浓硫酸会立刻摧毁伞罩。特此对硫酸过敏人士发出警示——事实上，来自地球的生物都应该注意。在火山区要特别注意强烈的闪电。这一天将会持续58个地球日，之后太阳会日落"东山"。然而，由于云层实在是太厚实了，我们看不到这个奇观。夜间，温度和气压也不会变化。再过58个地球日，太阳会从西边升起——当然，我们还是看不见。太阳升起落下方向的改变是金星逆向自转的结果。当夜晚再次来临时，金星上的第二年也拉开了序幕。

一天比一年更长

金星的自转非常缓慢，且自转方向和地球相反。这或许是很久以前它与一个庞然大物碰撞后的结果，导致了其旋转速度减小、转动方向改变并发生轻微的轴倾斜。这颗行星的奇怪旋转模式造成了一些有趣的现象：太阳升起和落下的方向改变了。金星的自转周期为243个地球日，而围绕太阳公转的周期为225个地球日。这意味着在这颗星球上，一天比一年更长！

大气层的厚度

　　地球上的云层出现在大约10千米高处，而大气层扩展到了地表以上超过100千米的地方。在金星上情况就不同了。云层悬浮在几十千米的高处，而那里的气体扩展到距离星球表面几十千米处。这没什么奇怪的，那里的空气气压值能够达到地球水下1千米处的压强值。

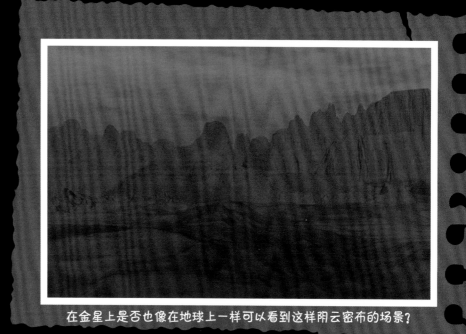

在金星上是否也像在地球上一样可以看到这样阴云密布的场景？

金星上的未来基地

　　很难想象，未来的人类怎样定居在这样一个不友好的星球上。可怕的气压和温度是人类向金星进发的巨大阻力。此外，金星表面还缺乏水和氧气（几乎整个大气层都是二氧化碳）这些对于地球生物的生存必不可少的物质。然而，尽管条件如此不适宜，幻想家仍然憧憬着定居金星的场景，而且他们根本没有考虑定居在金星的表面，而是想象将基地高高地悬置于大气层中！那是因为，在离金星地表大约50千米的高处，气压同地球上类似！不仅如此，在金星大气层的更高层还发现了少许氧气。在这一高度，天空已经完全是透明的，所以在这里也能够利用太阳能！可以想象一下悬挂在气球上的巨大基地，非常壮观地依靠金星上的空气漂浮着。从窗边看出去的风景将会相当美丽，低处是回旋漂浮的云朵，抬头是灿烂的阳光。夜晚你不会看到月亮，因为金星没有自己的卫星，但你将会看到非凡的星空，还有极其明亮的天蓝色星体——地球装饰着夜空。

金星基地的未来景观

金星在太阳的表面

每一个3D电影和游戏爱好者都知道，为什么人类要有两只眼睛——甚至你根本无须知道什么是3D。你已经注意到，多亏了这一双眼睛，你才能够看到周围世界的深度。甚至不需要测量，你就能估算出不同物体之间的距离。这一切都是因为我们的两只眼睛是彼此分离的，每一只眼睛看到的画面都会有所不同。如果有人不相信，那就请先用一只眼后用另一只眼分别观察一个近距离的物体试试吧，你的两只眼睛看到的东西肯定会有不一样的地方。早在17世纪时，詹姆斯·格雷戈里和埃德蒙·哈雷（哈雷彗星的发现者）就有了一个想法：从两个相距比较遥远的地方对星体进行观察，是丈量地球到另一星体的距离的关键！那个时候他们已经认识了行星排列的顺序，但是还没有任何办法来确定太阳系的各种尺寸。因此他们也建议，同时从地球上相距遥远的地方来观测行星。对金星来说，最好在金星凌日时观测，因为这个时候金星距离地球是最近的。遗憾的是，金星凌日现象相隔8年会出现两次，但再下一次出现却要超过一百年，所以并不是每个人都能等到这样的测量机会。

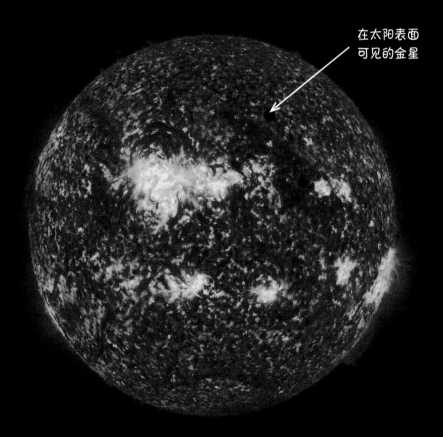

在太阳表面可见的金星

人类第一次观测到的金星凌日

1639年时，一位年轻的英国天文爱好者，杰雷米亚·霍罗克斯，先是预测到金星凌日，后来观察到这一现象。这个幸运的日子是12月4日，这一天天气情况良好，尽管有些多云（这个季节的英格兰大都是阴云密布）。在西下的红色太阳表面出现了天文学家期待的黑色斑点，这个黑点就是金星。这说明预测是成功的。但当时许多天文学家并没有做好观测的准备。除此之外，12月的天气和太阳西下的时刻这两个因素也使得观测成功率有所降低。

测量到金星的距离

1639年的金星凌日现象几乎被错过，下一次观测机会将会出现在1761年和1769年。这样的机会不能再错过。这次的准备时间也非常充分。由于1761年金星凌日时金星太靠近太阳边缘，无法观测，所以大部分观测都是1769年进行的。人们出发进行了许多探险：去海地，去哈德逊海湾。不过，只有詹姆斯·库克前往塔希提岛的探险最为著名。经过几十次测量，人们已经能够准确地获知从地球到金星的距离。当然，更重要的还有从地球到太阳的距离，计算结果最终是1.53亿千米，这与今天的测量结果非常接近。

幸运者

米哈尔·罗蒙诺索夫并没有参加远程探险，他留在了圣彼得堡，在那里以太阳为背景观测金星凌日。1761年时他注意到，在整个金星出现在太阳表面之前，其周围围绕着一圈光晕。他意识到自己是看到金星大气层的第一人！

现代的观测

2004年和2012年，有数千架天文望远镜再次被用来观赏金星凌日这一罕见现象。人们策划了天象的演示活动，通过媒体进行现场直播……还通过摄影记录观测到的现象。有些情况下，普通望远镜和手机自带的照相机也足够用来观看。与此同时，科学家们也在忙碌着。他们通过更先进的观测技术，再次利用金星凌日才计算出精确的日地距离，即1.495 978 7亿千米。

→ 2012年出现在太阳表面的金星

↓ 在太阳背景下金星凌日的不同阶段

怎样测量到另一个星球的距离？

从两个遥远的点同时观察同一个物体，而且在进行观察时，被观察的物体背景相同，在背景中的位置相同。如果我们知道两个观察者之间的距离，再对被观察物体的转移区间进行比较，就能够计算出到所测物体的距离。通过这样的方法，我们知道了地球到金星和到太阳有多远，也能计算出到其他星球的距离！18世纪的人们已经清楚地认识了地球的大小，因而也知道地球上两个观察者之间的距离。不过，从地球上相距遥远的地方进行观测，协调性是很重要的。

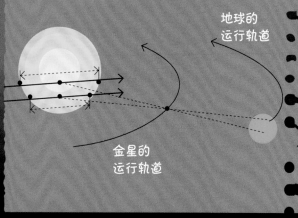

地球的运行轨道

金星的运行轨道

21

何时再次发生？

下一次相隔8年的金星凌日将会发生在2117年和2125年，还是在12月。到时候，全世界的人们将再一次大饱眼福。所以，将来谁会续写远程探险的传奇呢？

地球的发现者

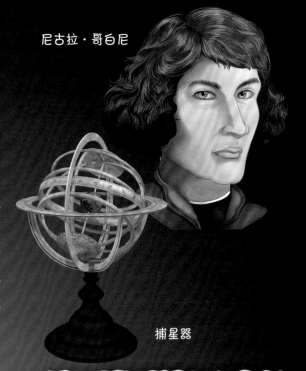

尼古拉·哥白尼

捕星器

是谁发现了地球？这个问题似乎没有意义，因为人类就诞生并且生存在这个星球上。人类也曾经思考过，有些人认为地球是一个表面光滑的模型，太阳以及其他的天体都围绕着它旋转运动。虽然古希腊人已经想到地球可能是个球体，但是直到16世纪，尼古拉·哥白尼才证明了地球是围绕着太阳旋转的行星；因此我们可以说，地球的"发现者"就是尼古拉·哥白尼！

哥白尼的青年时期

哥白尼于1473年出生于波兰托伦，并在那里度过了他的童年和青年时期。正是在这个地方，哥白尼第一次注视星空。当时的守城人会在夜晚关闭城门，禁止人们——尤其是孩子和青年人出门行动，所以能够观察漆黑的、不被灯光照亮的夜空的机会并不多，但有时在白天也会发生一些有趣的现象。小哥白尼12岁时，发生了一次日全食。在地平线上方的低处能够在最大范围内看到这一现象，观测起来非常方便。一年之后，在他13岁的一天夜里，他看到了一次月全食，同样也是在地平线上方的不远处。在小哥白尼上学的教区学校里有

全食的图表，而且当时的老师也教授天文学。哥白尼16岁时，在窗边见证了两颗最亮的行星——木星和金星的近距离交会。终于，在1491年时，天空中出现了彗星，这颗彗星可能是造成一场流星雨的母体。几个月后又出现了一次日全食。这些现象都深深地影响了这位来自托伦的少年的兴趣和爱好，一年后哥白尼选择前往克拉科夫学院攻读天文学。多年后，在意大利，在波兰的奥尔什丁市和弗龙堡，都有青年人对天文学这一爱好的坚持和延续。这些都为中世纪末期最大的科学发现积蓄了力量。

象限仪

这可能是哥白尼用过的最简单的观测仪器。这是一个方形木板，在木板左上角的圆点处放置有一根小木棒。将这个仪器刚好放置在南北方向上，当太阳在天空中运动时，光线照到木板上的小木棒上，这时小木棒的阴影会在木板表面滑动，并在刻度上指出太阳光线与地平线的夹角（即太阳高度角）。通过在每年正午太阳高度角最大和最小的一天观察角度，哥白尼指出了我们的地球旋转时具有一个倾斜轴。

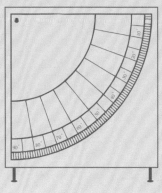

象限仪

《天体运行论》

如今，有的人乐于做一个充满争议的人，这样的话，媒体会让这个人被大众认识，甚至成为名人。但在过去，这样做并不容易。因为那时，每个行为或言辞另类的人都有可能要冒着生命危险！更不用说有人还写了一本书，打乱了人类对整个地球和天空中的秩序的认知。哥白尼坚信自己理论的正确性，在书中他证明了，地球围绕着太阳旋转。同时他清楚地知道，出版这本《天体运行论》要冒很大的风险。当时还没有人准备好认清事实真相——地球是行星，而且永远处于运动的状态！这还不是全部，我们的地球只是众多行星中的一个，而其他的行星都在很遥远的地方，并且多多少少和地球有些相似。当时没有人在脑海里意识到——我们的地球并不是被挑选出来的，并不位于宇宙的中央，而哥白尼却坚定地选择了揭示真理。

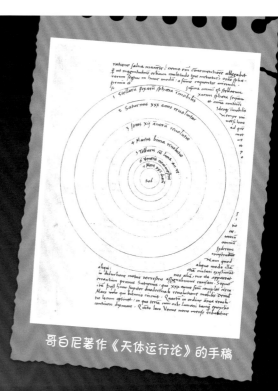

哥白尼著作《天体运行论》的手稿

哥白尼的天文仪器

哥白尼没有望远镜，更没有天文望远镜，因为在他那个时代还没有这些仪器。他在工作中就使用简单的、由木条和木制圆环制成的仪器进行宇宙观测。

要记住！

地轴进动是指地球自转轴发生方向变化的天文现象，就像这个陀螺的轴一样。

三角仪

简单的仪器还有由三根木条构成的一个巨大的三角形结构，名叫三角仪。和其他的仪器相似，这也是一个通过测量角度来确定恒星高度的大型仪器，而且是用于夜间测量的。哥白尼精确地测量了位于室女座的角宿一（二十八宿第一宿的第一星）的高度变化，这对他画出地球轴线的进动轨迹提供了极大帮助。三角仪也用来测量月球夜间在空中运动的高度。通过这种方法，哥白尼发现了月球与地球的距离相对比较恒定，没有太大的变化。

捕星器

这是哥白尼拥有的最复杂，也最漂亮的仪器了。这个仪器由一组带有角度测量功能的木制圆环组成。它可以根据太阳、月亮和星星的位置实现对其他行星位置的准确测量，这些行星在数月里会在星空的背景下呈环形运动。通过分析行星的运动，哥白尼证明了自己理论的正确性——地球是围绕太阳运动的众多行星中的一个，而环形轨迹是我们观察到的地球运动和天体运动的综合效果。

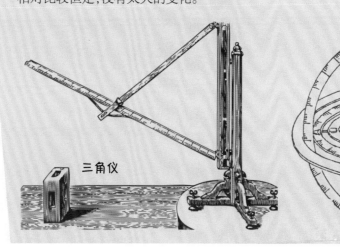

捕星器

三角仪

地球
——充满色彩的星球

说到地球，我们有时候会称它为蓝星。这没什么好奇怪的，举个例子，如果从金星或者水星上来观望地球，你就会看到地球泛着蓝色的光芒。甚至在较低轨道围绕地球执行航天任务的航天员，也会通过宇宙飞船看到蔚蓝色的大海。其实从地球的表面可以看到非常丰富的色彩。阴天的时候，我们常常会忘记蔚蓝色，说天空是灰色的或是铅色的，而夜晚当然是黑色的王国。冬季时，白色包围着我们，而春季大多为绿色。夏天时，烈日下的一切仿佛都笼上了一圈橙色的光晕，秋天时空中飞舞着金色和棕色的落叶。我们的地球确确实实是一个美丽而多彩的星球。尽管在太阳系中能够找到天蓝色、淡黄色，还有红色的行星，但我们的星球最为与众不同，因为它是多彩的。

天空的蔚蓝

你是否思考过，为什么天空偏偏选择了蓝这种颜色？这大片蓝色的秘密就藏在构成地球大气层的物质——大气颗粒中。白天时，空气被白色的阳光照亮（白色是多种颜色的光混合起来呈现出的颜色）。当光线穿透大气时，会碰到细微的障碍物，白色混合光穿过大气层并且发生散射现象，暖色光线散射的程度会相对小一些，而青、蓝、紫三种颜色的光线较难沿着直线传播，因为它们被挡在空气中不断散射，就将天"染成"我们看到的天蓝色了。

水的蓝绿色

水很容易反射太阳光中的蓝光。在无云的晴朗天气里，海水吸收了不同波长的光，同大气中的情况一样，蓝绿色光的波长短，容易被散射或反射，让海水也呈现蓝色。当然，在蕴藏着丰富藻类等海洋植物的水域，它们会为海水增添一点绿色。

云的白色

云是水滴聚集的产物。这些水滴非常小，以至于肉眼无法看到。当我们在山里海拔较高处时，有时会有大片的云飘过我们身边。不过，这些水滴比起大气颗粒来说，又显得大得多，所以光不会在它们身上发生散射，所有的光都可以穿过它们到达地面。这样，云就不会像天空一样被"染色"，所以一般的云就都是白色或灰色的。

落日的红色

民间有个预测天气的说法——晚霞行千里。也就是说，如果我们看到红色的晚霞，说明第二天是个好天气。看到火红色的光芒，意味着太阳光中的冷色光已经在大气层上层散射完了，而暖色调的光穿透了厚厚的大气层。但是，这样真的能准确地断定第二天的天气吗？当然是不可能的，天气变化即便是结合最先进的科技手段也不能准确预测，更不用说肉眼判断了。

地球的数据

位置： 太阳外第三个行星
直径： 12 756千米
公转周期： 365.25个地球日
自转周期： 23小时56分钟
太阳日长： 24小时
已知卫星数目： 1

多种颜色的彩虹

当空气中的水滴较大，且太阳位置适宜时，天空中就会出现彩虹。这是太阳光在晶莹的雨滴内部反射、折射以及不同颜色光的散射共同作用形成的现象。冷色光和暖色光从水滴到空气的偏折角度不同，所以最终才会形成极其美丽的彩带。

极光的色彩

在观测条件有利的情况下，人们可以在天空中看到极光，这些极光或紫或绿，就像是童话中自在翱翔的天马，在短短几分钟之内不断变换着形状。这不禁让我们联想到巨大的天幕、激光或光柱。在地球两极的极圈内最容易看到极光，不过，运气好的时候在极圈外也能看到极光！

叶子的绿色

植物非常喜欢太阳光，它们利用阳光，结合水和二氧化碳来制造赖以生存的能量物质。在这个过程中，它们从太阳光中主要吸收红光和蓝光，而绿光对它们来说并不重要，所以植物会反射绿光。因此，你看到的大多数植物都是绿油油的！这些绿色植物连同蔚蓝的天空和地平线上方金色的太阳一起，构成了令我们难忘的景象。

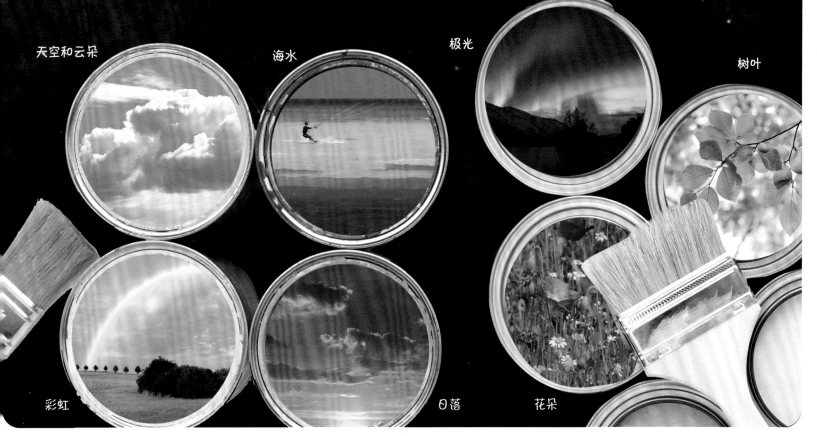

天空和云朵

海水

极光

树叶

彩虹

日落

花朵

地球

——明显的"大星球"

从太阳出发向外数，第三个行星就是地球。对我们来说，地球是个令人印象深刻的宏大世界，在这个世界里上演了一部精彩的生物进化史。虽然从宇宙的角度来看，地球不过是一粒微小的尘埃，但与其他行星的个头相比较，地球也算是一个"大星球"了。有比地球更小的行星，例如水星；当然也有比地球更大的行星，例如木星。地球和其他行星有某些相似之处，比如和火星一样，地球会一边自转，一边围绕着太阳转动，有四季之分，它们的自转周期也差不多，大约都是24小时；与此同时，大部分行星和地球一样，也有大气层和岩石表层。尽管如此，地球依然是生命体的独特栖息地。它与其他行星还有更多的不同之处，这让我们在太阳系中有着得天独厚的优势。比如在地球大气层中有着对生命体来说必不可少的氧气；地球表面大部分地方都被水覆盖，而没有水生命就无法延续；地球拥有两个磁极，特别是还有一个巨大的天然卫星——月球，这也是我们的生存必不可少的。

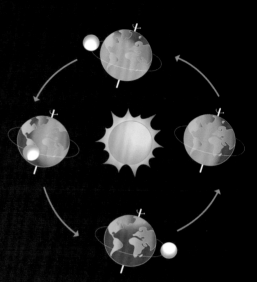

高温的地下

一些科学家反复强调，相较于探索地球内部，人类更应该去探索其他星球。不管这个建议是否正确，到目前为止还没有人对地球进行过深度挖掘，也没有人试着去找找地球内部的出入口，但我们可以对地球的更深层面进行一个整体的想象。

地球的表面是坚硬的地壳。地壳被划分为不同的部分，即板块。在地壳下面是高温固态的地幔，而在地心里藏着地核，地核的外核可能是液态的，内核是固态的。

地球的日历

在地球上，绝大多数生命体都会受光暗交替、冷暖交替，甚至月相的影响。一直以来，人们最基本的时间度量单位就是一昼夜，即相邻的白昼和黑夜之间的时长。然而从哥白尼开始，人们开始知道，这都是地球围绕着自己的旋转轴自转的结果。除此之外，地球还围绕着太阳公转，由此产生了年的时间周期。地球旋转轴的倾斜，决定了一年之中太阳的照射会在北半球变强一次，也会在南半球变强一次。这样就产生了一年四季。围绕着地球旋转的是月球，古时的人们将月亮的变化周期同周和月的时间单位相联系。

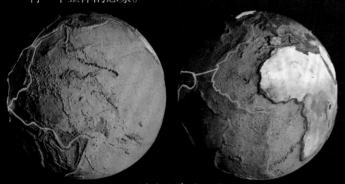

板块构造的边界

板块碰撞的结果

26

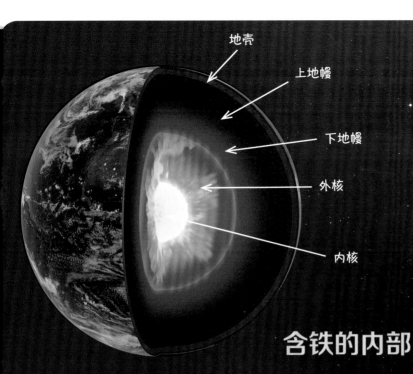

地壳
上地幔
下地幔
外核
内核

含铁的内部

每个人都知道，沙子在水中会下沉，而空中的泡泡却会往高处飘，这是因为两者的密度不同。同样的，在很久之前，地球内部就已经根据物质的密度完成分层了。处在最高处的是大气层中的气体，较低一点的是水和岩石，而在地球最深处则是铁和镍，它们在极高的温度下形成了地球的内核。

磁极

我们也知道，磁铁会使闭合的导体产生电流。如果电流呈环形流通，那么在环形线圈两端就会出现磁极。在地球内部会同时出现这两种现象，因为地球不断自转，这会迫使内部流动的、有磁性的物质跟着一起运动，这样一来就形成了磁极。磁极的作用范围已经超越了地表以及地球大气。在指南针的帮助下我们很容易观测到磁极。

地球磁场看起来像是一个包裹地球的大笼子。尽管它们看不见摸不着，但却能保护我们不受太阳射线的伤害。即使太阳活动喷出来的太阳粒子也会被像盾牌一样的地球磁场抵挡在外。

地球
——生命的栖息地

在哥白尼之前，人们普遍认为地球是宇宙的中心，认为我们的世界是独一无二、不可复制的。当我们认识到在宇宙中还存在着许多其他星球时，我们开始将这些星球与地球进行对比，寻找共同点和差异。今天，我们已经掌握了对太阳系结构的比较完整的认识，但依然无法减少对自己母星的热爱。这其中有很多使得地球脱颖而出的因素，最基础也最重要的原因是——这里有生命和高级文明的存在。可这些是一眼就能发现的吗？如果外星人到太阳系旅游，它们会注意到地球上的生命吗？它们一定会注意到大气层中氧气的存在，这在其他星球上是不可多得的。它们还会注意到森林的绿色以及这个星球背阳面的奇异而有规律的光，还有从地球表面多个点发出的人工广播信号。在距离地表不远处可以看到城市和建筑物。当它们离地球再近一点时，终于发现生存在各种环境中、数量庞大而且种类繁多的生命形式了。它们一定会为之惊叹，因为在地表的土壤下，在水边，在冰上，在空中，都有着各不相同的生命体在活动。

28

夜晚的欧洲

外星人的错误

我们都知道，蘑菇和飞蛾是生物，石头不是生物。可外星人会不会混淆呢？举个例子，外星人会看到一些在道路上飞快移动的、奇怪的物体，这种物体完成移动需要较高能量的供应，而这些能量又是一些双足生物提供的。外星人再仔细观察会发现，这些拥有四个轮子的物体控制住了双足生物，并将双足生物像寄生虫一样关在体内。再仔细观察，还会发现一些其他体形较小的物体，它们一般位于双足生物的口袋里。没有了这些东西，双足生物就会觉得空虚、迷失自我甚至觉得受到威胁。外星人会不会觉得这些四个轮子的物体是生物呢？你是不是感觉这种想法有些可笑？可是这些都说不定哦！

什么是生命？

我们该如何区分生命体和非生命体呢？大家都知道，有生命的有机体能够繁殖，也就是产生后代，还能从环境中摄取物质和能量并向环境释放物质和能量。

生命诞生的条件

大气层的存在并不是生命诞生的唯一条件。在四十多亿年前，地球诞生之后，正是火山运动、闪电等条件促成了原子相互连接，形成更复杂的有机物分子。磁极产生的磁场形成了一个包围圈，保护地球生物免受各种射线的伤害。而月亮则影响了海水的潮汐，使其形成了稳定的周期。潮汐加快海水混合的速度，有利于海水升温，孕育生命。没有各种因素的共同作用，地球上肯定无法出现生命体。

生存空间

在地球巨大的球体上，理论上生命体的生存环境可以说是极其宽广的。然而事实证明，地球所有形式的生命体都必须聚集在很狭小的、有限的空间内。我们还没有在地下几百千米深处或在云层上空的高处找到自然的生命体。这一切都受限于水、温度、辐射、压力等影响生命体生存的因素。如果说地球有一个苹果那么大（包括大气层），那么地球生命的生存空间就在比苹果皮深一点的地方。

脆弱的覆盖层

没有大气层就没有地球上的生命。当我们从太空中观察时，就会发现大气层是一个极其薄弱的覆盖层。最近的研究表明，想要破坏大气层非常容易，只要向大气层排放更多的二氧化碳就够了。遗憾的是，我们的文明总是能产生过量的二氧化碳。有些观点认为，一次火山喷发向大气层添加的污染物要多于从人类的烟囱排出的污染物，但这不一定是真的。科学家经过测量证实，人类产生的二氧化碳是所有火山产生二氧化碳总量的一百倍。

非有毒气体

二氧化碳并不是有毒气体，它甚至会出现在碳酸饮料中，但它有一个自然属性，就是如果二氧化碳过多，就会阻止热量的流通。这就像大晴天里停在露天停车场的汽车的车身一样，使得热量很容易在车内聚集却难以排出，所以内部的温度会迅速升高。当出现过量的二氧化碳时，我们的地球也面临着和汽车相似的情况，这样的话距离全球性的气候灾难也就只有一步之遥了。

地球

——天气预报

亲爱的地球居民们，天气预报显示，明天天气看起来很不错。在春分和秋分时节，全球温度都较为温和。太阳在赤道附近照射得最为强烈。我们预测那里空气的最高温度一般会超过30摄氏度。温度最高的地点在非洲以及阿拉伯半岛，那里极为酷热，温度可以超过40摄氏度。距离赤道越远，太阳光照射到地面的夹角就越小，温度也就越低。欧洲的温度一般比较适宜，白天的时候温度为20~30摄氏度，夜里的温度可能会降到零度，这一现象在沙漠地区更为明显。地球上最为寒冷的地方要属南极了，那里会结冰，气温会达到零下40摄氏度。不过，地球的大部分地区都气候适宜，较强的云层和降水都出现在温带地区。

地球的气候带

早在古希腊时期，人们就发现，世界不同地区的气候变化非常不同。当人们意识到地球是一个球体并且被太阳照耀时，就确认了温度带在地球上是平行分布的。A.苏潘1879年提出以年平均温度20℃等温线和最暖月的10℃等温线为指标，把全球划分为热带、南温带、北温带、南寒带和北寒带5个气候带。

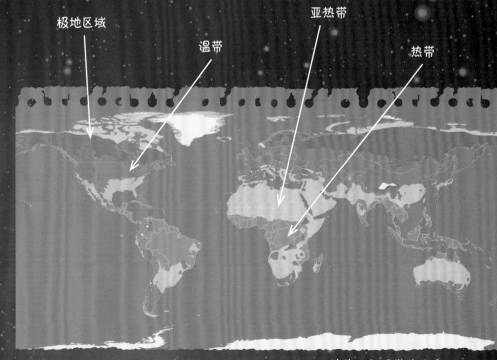

极地区域　温带　亚热带　热带

地球上气候带的分布

昼夜时长

地球上的光照随着地球的旋转在不断变化，一天里的昼夜时长也是这样。在赤道上，白天和黑夜都是12小时。而远离赤道处，我们注意到白天和黑夜的长短会和一年的季节一起更替变化。在中国，如果夏天来临，白天会更长。与此同时，位于南半球的澳大利亚开始了冬季，那里的白天比夜晚时间要短。

白昼 夜晚

世界气象纪录

天气是个搞恶作剧的小能手，有时候天气会格外酷热，有时候又会突然下起倾盆大雨。当我们遇到极端的天气现象时，有时会难以相信，这一切都发生在这颗行星上。在地球气象测量的历史中，有记录的地表最高温度出现在2005年伊朗境内的沙漠里，当时的温度高达70摄氏度；而被记录的最低温度出现在1983年7月的南极，被记录的最低温是零下89摄氏度；幅度最大的气温差出现在西伯利亚，那里最高温度和最低温度的差值超过了100摄氏度；最大的年降水量出现在印度，而最小的年降水量出现在智利，那里曾经十几年没有过降水。还有传言说，在阿塔卡玛沙漠从来就没有下过雨！与之相反，在美国被记录下来的最大降水量一分钟之内超过3厘米，也就是说1平方米就有30升雨水。在这个国家，人们遭遇过最大的冰雹，当时地面遭受到直径20厘米的冰雹的袭击！在印度尼西亚，会发生猛烈的风暴，有时一年中有320天都有风暴！当然，资料显示，人类还观测到过更多的极端天气，但那不一定都是官方认证的观测结果。

风暴来临时的雷电

冰雹

疯狂的波兰天气

东欧的波兰位于温带气候区内，但这并不意味着在波兰天气就没有反常的疯狂时刻。当我们看气象学家多年的记录时，会感到非常惊奇。例如在1921年的夏天有着特别的记录，因为在普鲁什科夫以及波兰的其他几个地方气温都超过了40摄氏度！也有过那么几个月，在冬季气温降到零下40度！如果要寻找一个降水最多的地方，那我们应该去塔特拉山脉，那里有着波兰一年内最高降水纪录以及伴随风暴的一日内最高降水纪录。某一个冬天，在卡斯布罗维峰中，降雪量达到3.5米。在莱吉奥诺夫地区发生强降雨时，几乎在一分钟内就有1厘米的降水，相当于每平方米有10升水！看得出来，如果想要在短时间内感受所有气候区域的特点，我们已经不需要前往别的地方了。

日食
——光明与黑暗的游戏

在日全食开始前的最后时刻，总会发生一些不同寻常的现象。你会在大树下发现数以千计的亮晃晃的"镰刀"在飞舞，那是穿过在风中摇摆的叶片的间隙的太阳图像。渐渐地，这幅景象开始锐化，绿草渐渐变成蓝色，尽管有太阳光的照射，一切还是在变暗。风渐渐平息不再吹，鸟鸣声也渐渐消失，整个世界都开始变得安静起来……在太阳边上某处，你会看到一块逐渐放大的深斑。这并不是乌云，而是月亮在渐渐遮挡太阳，并已经几乎将太阳全部遮住。在几秒钟时间内，黑暗笼罩住我们上方。那里刚才还有太阳，现在被黑色的月亮挡住之后，太阳的边缘形成了像镶有耀眼钻石一样的银色光环。有人会远远地大声倒数着最后几秒，直到终于可以喊出——日食！那时你会看到一个巨型蜘蛛形状的蓝色日冕。尽管仍然是白天，但在天空中却能看到明亮的星星！突然你会发出惊叹——看那个像红宝石一样的日珥（发生日全食时太阳周围镶着的红圈）！然后你会感到遗憾——这一切已经结束了！日全食会持续几分钟，但人们观看时会感觉似乎只过去了几秒钟！接下来太阳边缘露出钻石一般的光圈，"日食秀"结束了。不一会儿，刺眼的太阳光芒又出现了。但是刚才激动的情绪还会持续一段时间，因为这是人类能看到的最美丽的景象之一。

观看日食的注意事项

当月亮仅仅遮住太阳的一部分时，太阳的光辉还是极其强烈的，没有佩戴防护用具的人不宜直接用肉眼观察。当太阳基本被遮住时，光线强度继续减弱，此时再用肉眼观察虽然不会感到刺眼，但你会错过前面那些景象。所以，想要观看完整的日全食，应该借助专门的过滤器或者眼镜来观察。当整个天空已经陷入黑暗时，就可以不用防护措施直接欣赏日食了，甚至用望远镜观看也可以，因为这时候的太阳光亮仅仅相当于满月的光亮。不过，经常会有人因为过于着迷而忘记了日全食的结束时间，导致眼角膜损伤，所以，最好还是应该运用专用的工具。

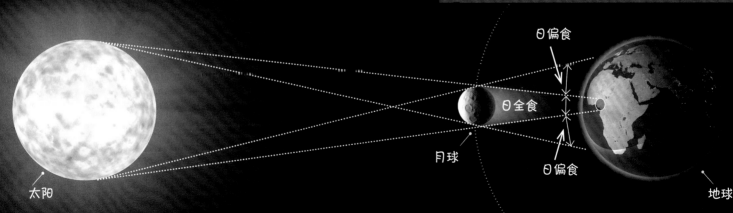

太阳　月球　日偏食　日全食　日偏食　地球

发生日食时太阳、月球和地球的相对位置

日食的发生机制

日食的形成原因与月球有关。月球围绕着地球转动，有时会遮挡住太阳的光芒，向地球表面投下阴影，这个影子以约2 000千米/时的速度移动着。如果影子垂直投射在地表，其范围是一个直径最高可达270千米的圆形。我们自己很难计算出来，它是否恰好能漫游到我们居住的地方。当月球只遮住太阳的部分表面时，我们可能成为日偏食的见证者。月球的运动轨道是近似圆形的椭圆，如果发生日食时，月球正好走到椭圆形距离地球最远的地方，看起来就会显得小一些，不能遮挡住全部太阳。此时虽然月球也会横穿过太阳表面的中央，但会在周边留下一个光环，这种现象被称为日环食。

发光的日冕

当太阳耀眼的光芒被月亮遮挡时，我们可以观察到美丽的日冕（那是太阳大气层的最外层）。如果太阳处于活跃期，我们能够最大限度观察到的日冕是宽阔且清楚的；反之，最小限度观赏到的日冕呈现出羽毛、火焰或是蜘蛛的形状。这都是太阳磁场形成的图像。

太阳系最美日食

许多行星都有自己的卫星，但是只有地球能够欣赏到这样完美的日食。围绕着火星运动的有两个自然卫星，但是两者都非常小，并不能遮挡住太阳的表面。在非常遥远的行星上看太阳，只能看到一个光亮的点，但那些行星的卫星却太大了，会将太阳和日冕一同遮挡住。只有从地球上观看，月球才有着和太阳相同的大小，所以我们能观看到太阳系最美的日食。

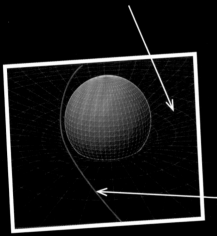

深蓝色的表面在球体下方弯曲，体现了时空弯曲的图像模型

经过超大质量的物体时光线的轨迹

爱因斯坦理论的验证

相对论提出，在质量很大的物体附近时空会弯曲。在我们周围质量最大的物体就是太阳了。来自遥远恒星的光芒，会从太阳附近绕过去，并非沿着直线传播，而是发生弯曲。如何证实这一点呢？当太阳照射时，我们又看不到星星！不过，日全食却给了人类一个极佳的观测机会。20世纪初，天文学家组织了日食观测队，拍摄来自太阳方向的恒星，以此来验证爱因斯坦的理论。之后，他们分析日食发生时拍摄的恒星照片，证实了天才科学家的预测！在被遮挡的太阳周围，恒星就仿佛发生了轻微的移动！爱因斯坦是正确的！

日全食的过程

月球
——夜里的光亮

月球在地球形成不久后就存在了。冬季的满月将被白雪覆盖的地区照射得格外美丽；夏日里低悬的金色圆盘也为温暖的夜晚增添了一份浪漫；春天时狭窄的镰刀月巧妙地装点了深蓝色的天空；如果是秋季，你甚至在白天也能看到月亮。许多动物的作息时间都受月光的影响。不知从何时起，人类也开始利用月亮的光辉。从最早的文明开始，月亮周期性的变化就被人们注意到了。希腊人把月亮想象成塞勒涅女神的战车。在古斯拉夫神话中，月亮是一位神祇，他是霍尔斯神的儿子。人们用白昼和黑夜来确定一天的时间，这样，就可以通过月亮得出以周和月为单位的时间。月亮圆缺周期的四分之一恰好是7天，月亮在一年中会经过12次完整的圆缺周期，由此将一年划分成12个月。再后来，人们意识到，每个圆缺周期都比月球绕地球旋转一周的实际时间要长一点，因此人们考虑，是否要再添加第十三个月来让整个日历变得更符合实际情况。遗憾的是，这引发了不小的麻烦，因为直到今天很多西方人也不喜欢13这个数字。无论如何，月亮吸引着每个人的视线，也是黑夜里最重要的光亮来源之一。

月圆和月缺

月亮围绕着地球转动，在地球人看来，月亮总是在变换形状。当月球的背面朝向太阳的时候，我们看不到它。七天后出现另一个月相，那是半个月亮。接下来的一周后，月球的正面被照亮，形成满月的月相。继续观察月亮就会注意到，月亮会再一次变"瘦"，但发光面移动到另一侧。为了更好地记住月相的变化，人们想了很多办法，下图中就是几种常见的月相。

月相

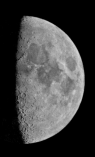

新月蛾眉月　　　　上弦月　　　　满月　　　　下弦月　　　　残月蛾眉月

月亮上的兔子

月亮在满月时的样子最令人印象深刻。那时它不止最明亮，而且还展示出月球上一些奇怪的痕迹。有些人看到的是一张微笑的脸，有些人看到的是骑着公鸡的特瓦尔多夫斯基先生。中国人喜欢等待秋季正中的一次圆月，因为那时人们会一家人团圆，一边吃月饼一边讲述月亮上的仙女嫦娥和她的玉兔的故事，月亮上的玉兔还像是在用器皿准备着让人长生不老的草药——月球上灰色的陨石坑的确会让人联想到这些东西的形状。

根据波兰天文学家赫维留的数据绘制的月球表面图

哥白尼环形山

"哥白尼正深陷错误的泥淖中！他像是迷失在大洋深处的船舶一样，飘忽不定。"——17世纪的乔万尼·里乔利这样评价哥白尼。他并不认同哥白尼的"日心说"，于是，在给月球上的环形山分配名字的时候，他将哥白尼的名字安排在距离其他学者的名字都非常遥远的地方，那是一个名为"风暴洋"的月海旁边。具有讽刺意义的是，今天哥白尼环形山被称为月球上最具有特色、最美丽的环形山，而当年哥白尼名字被"贬"到这里的事已经很少有人提起了。事实上，哥白尼环形山是很容易被观察到的，甚至都不需要借助大型望远镜。

通过望远镜看到的月球

当我们用肉眼观察月亮的时候，可以幻想出许多美丽的神话故事。但是当我们用望远镜或者天文望远镜观测时，才会看到真正的奇迹。小型的光学器械足以让我们观察到一小部分环形山。它们在上蛾眉月和残月时观测起来是最美丽的，因为那时月球是从侧面被照亮的。光线滑过月球表面，最后停落在山峰或盆地处。

月面学

我们会在学校学习地理学，这是一门关于地球的学科。对月球表面的研究开启的学科叫作月面学，其英文名来源于希腊的月亮女神——塞勒涅之名。月球吸引了一些起名爱好者，比如来自波兰格但斯克的天文学家杨·赫维留。通过望远镜，他画出了在当时非常详尽的月球地图，他还给月球上许多环形山和山脉起起了自己喜欢的名字。遗憾的是，只有其中几个名字延续至今，因为赫维留并不是唯一一个喜欢在月球上"留名纪念"的人。

月球表面

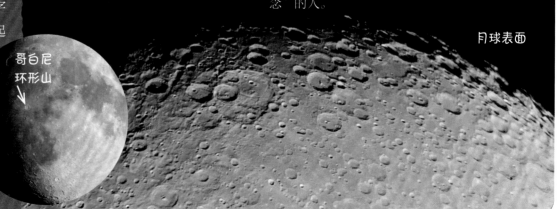

哥白尼环形山

月食
——血腥的标志

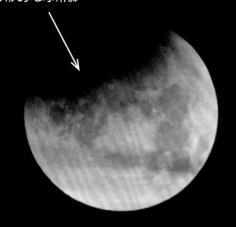

月球以近似圆形的椭圆轨道围绕着地球运动。远方的太阳对地球和月球而言就像是一盏大灯。有时，这三个天体会运动到同一条直线上。每一个被照亮的天体"身后"都会留下影子。现在，让我们将上述事实全部联系起来，这样事情一下子就明了了——一定有某些时刻，月亮会躲在地球的影子里。这个现象一般都出现在从地球人的角度观察月亮，并且月亮被最大限度照亮的时刻，也就是满月之时！在这样的情况下就会出现月食现象。最有趣的就是月亮完全位于阴影里的时候，我们把这个现象叫作月全食。一年之内，这一现象最多会出现三次，但有些年份月食有可能从不发生。月球的运动轨道略微有些倾斜，所以在运动过程中并不总是恰好出现在地球投下的影子里。最常见的是月球从更高或者更低的没被遮挡处经过。然而有些时候月亮会潜入影子的正中心，这就是最佳的观看时机了！这种最美丽的月食几年发生一次。我们必须非常关注天文日历、网络或者媒体，才能不错过这种不寻常的现象，这时，一轮满月会在地球的影子中隐藏超过一小时。

地球是球形的证据

早在哥白尼之前人们就注意到，月食是满月被地球阴影遮挡住的结果。很快，人们就发现不论太阳从哪一面照射，地球的影子永远是圆形的！倘若地球是一个平面，那它的影子会呈现出各种不同的样子。因此，古时候的智者明白了，地球一定是个球体。

不幸的象征

过去的人们不喜欢月食。他们认为，月亮从夜空中消失，预示着不幸将要发生。约瑟夫·弗拉维斯——那个记述希律王生活的人回忆道，国王离世前正好发生了月食。鉴于这些信息，可以确定此现象发生的具体日期。

月偏食

月全食

月偏食

月球　　地球　　太阳

月食发生时，月球、地球和太阳的相对位置

空气洁净程度的测量器

尽管我们能准确了解月食发生的机制，但每次月食的现象都有所不同而且不可预测。月全食的时候月亮会染上一种橙色。这其实是穿越地球大气层的太阳光的颜色。月食的强烈程度反映了空气受污染的程度！当大气层中有大量的粉尘，例如在火山喷发之后，月食时月亮的颜色就会非常暗淡。

"脸红"的月亮

如果地球只是一个实心的球体，它的影子就应该完全是黑色的。但是别忘了，地球上还有一层薄薄的大气层。大气层接收和散射了太阳光中波长较短的蓝紫色部分，而波长较长的红色光会穿过大气层，给地球的影子上色。当银色的月亮藏在其中，就会成为血红色。

月食时的血月

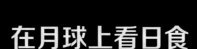

在月球上看日食

当我们认识了月食发生的机制，就很容易想象出，对于未来月球上的居民来说，在月球上看到的日食将会是什么样。当和月球居民一起看向天空时，我们会看到悬挂在月球地平线上或者空中的地球，太阳缓慢地向地球靠近，最终太阳藏入了地球的背面。此时，天空中只剩下从背面被照亮的地球红色的大气圈。一段时间后，太阳渐渐从地球背后钻出来，再一次照亮月球的地平线。

哥伦布的诡计

传说，在哥伦布的船队前往美洲进行探险时，由于补给不足，他们被迫停靠在牙买加海岸边，他们一直期待当地人的援助却被拒绝，再这样下去，这次探险任务就要失败了。为了得到援助，哥伦布想好了一个计谋。因为他知道，月食就要来临了，他趁机以天神动怒来恐吓牙买加人。不出哥伦布所料，那天夜里牙买加的上空真的出现了月全食，慢慢地，月亮失去了光辉！再过了一会儿，月亮变成了血红色的圆盘。当地人吓坏了，他们恳求哥伦布撤销这一诅咒，承诺一定帮助船队。不久后，月亮恢复了以往的光辉，哥伦布也得到了补给，探险任务最终得以顺利完成。

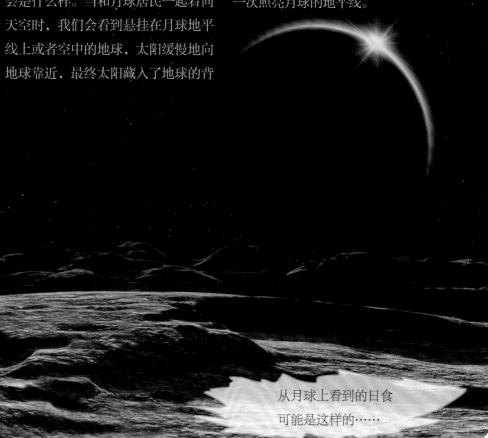

从月球上看到的日食可能是这样的……

月球
——地球的"儿子"

尽管月球是围绕着地球旋转的天体，但依然有人说，月球应该被算作行星。为什么会有这种看法呢？一小部分原因是，月球曾经确实被看作一颗行星过。但更重要的是，地球和月球共同构成了一个整体。如果有人从宇宙看向我们这边，一定会觉得地球和月球是一个双星体，这是因为陪伴着地球的是个头相对较大的月球。其实，当对比这两个星球时，你就会发现，地球的直径是月球的四倍还不到。这在其他行星系统中可是不多见的。由于月球的大小和质量，它对地球的影响很大，比如稳定地轴。如果没有月球，地球旋转起来会疯狂得多，气候也会多变而让人难以忍受，生命体的进化也会出现很大的困难。在赤道上可能会出现冰原，两极会因为高温而酷热难耐，也会陷入长达半年的寒冷时期。月球和地球共同组建了一个"家庭"。这没有什么奇怪的，最新的研究显示，月球是地球的……"儿子"！

"弃儿"还是"家人"？

人们思考了很长时间，月球到底是从哪里来的？是从遥远的地方运动到这里，还是和地球共同诞生的呢？科学家们目前认同度较高的说法是，月球的诞生过程非常激烈。大约在45亿年前，当地球还是个滚烫并且充满流动熔融物的球体时，发生了一场大灾难。一个火星大小的天体在地球诞生之初撞向了地球，部分熔融体被撞击冲入宇宙中。当然，地球强大的引力不允许岩浆蔓延到更远的地方。这些被撞出去的部分开始围绕着原来的地球转动，渐渐地平衡了自己的轨道。这两个天体都迅速形成了球体并且开始冷却。在这次灾难之后，还剩余了一些碎片在它们的表面继续撞击。

宇宙中发生这起事件的景象

陨石坑和月海

如果你用肉眼观测月亮，能看到很多不规则的灰色阴影。通过望远镜，你会发现，这些灰色阴影原来是环形山和大坑。这正是很久以前发生过大灾难的证明。当月球上出现了厚实的外壳时，那些在太空中飞行的岩石碎片不断撞击它的表面，刺穿表层，导致岩浆流出。岩浆凝固以后形成颜色很深的一片区域。现在我们看到的灰色阴影，伽利略将其称为"海洋"。撞击一直在持续，这便是后来形成了很多陨石坑的原因。赶快拿上望远镜，选一个晴朗的夜晚去观察月球吧。

不像"妈妈"的"儿子"

第一眼看上去，月球是灰色的，还有许多陨石坑；地球却是蔚蓝色的，被大气层和水包围着。它们之间有什么家族的相似性吗？似乎没有，这是因为月球质量太小，引力不足以吸引大气层和水留在它表面。即便月球在最初形成时出现了云层，也根本无法形成降水，所有的水和水蒸气会迅速地逸散到太空。所以今天的月球没有大气层。在地球上，有雨水、风以及相对稳定的温度，这让45亿年前地球被剧烈撞击时形成的痕迹几乎彻底消失了。

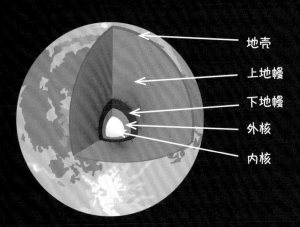

- 地壳
- 上地幔
- 下地幔
- 外核
- 内核

小而冷的月球

地球至今保持了自己的内部温度。月球的内部却十分寒冷，因为月球实在太小了，而且内部找不到核心。没有核心，也就没有电流，就不会产生磁场！所以，月球只有来自表面的碎片化的磁性。不过，为什么月球和地球比，只有很小的核心呢？一部分科学家认为，这正是因为45亿年前的那次大灾难！撞击使得地球的上地幔折断。最终大多数金属留在了地球，熔化的岩石沿轨道滑行，形成了月球。

月球的
失散兄弟

地球有几个卫星？只有一个吗？如果我们只计算围绕地球运转的岩石球体，那是只有一个。但如果我们换一种看法，如果不止计算岩石球体呢？波兰天文学家卡齐米日·科尔迪雷夫斯基正是这样想的。他曾认为，地球有一个岩石的和两个液态的卫星！这两个液态卫星在地球和它的岩石卫星之间的太空中，处于地球与月球引力的平衡点上。当然，这只是一种设想，并没有实际证据能够证明它们的存在。

月球
——最漫长的旅途

曾有汽车跑了超过400万千米的路程，很多司机行驶过的距离比从地球到月球更远，但是登月确实是人类历史上最艰难的挑战之一。在出征之前人们说——我们现在要"登天"，没有比这更困难的事情了。飞离地球38万千米，很久以来都被认为是异想天开，但是1969年7月，在飞行了几天之后，人类终于登上了月球。在登月之前，有过许多次试飞和测试，甚至有人为此付出了生命。人们经常问这样的问题，为什么以前都可以飞到月球去，现在人们反而不去了呢？答案很简单——美国以前需要向世界展示成功飞行并且安全返回的能力，可以不计一切代价；但是现在，就必须给出更充分的理由，毕竟没有人会只为给月球照张彩色照片而花费巨额费用。

火箭"土星号"

美国航天员阿姆斯特朗
于1969年7月20日登月

"土星5号"运载火箭

"土星5号"运载火箭是人类历史上最先进的技术发明之一，这也是人类建造的最大的火箭之一。就是它将航天员送到了月球。整个火箭有110米高，直径为10米。如果把它放在摩天大楼旁边，它能达到大约30层楼高！几乎整个火箭都装满燃料，只在火箭顶部的飞船船舱里有机组人员。

月球车

月球车

在美国人成功后，苏联人先后将无人"月球车1号"和"2号"送上月球。

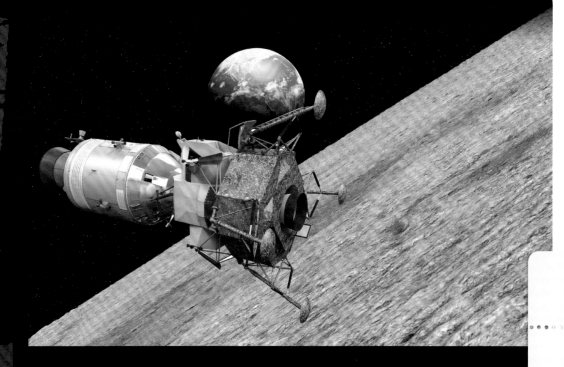

来自月球的邮票

一位"阿波罗15号"的航天员在没有告知任何人的情况下，携带了约400枚邮票登月。他把它们藏在机舱内，返回地球后卖了一大笔钱。今天，这些邮票至少价值1.5万美元一张！

倒霉的"13号"

在"阿波罗11号"和"12号"成功登月后，下一次飞行本来没有什么问题。然而，在这次飞行中，一个氧气箱爆炸，导致任务失败。爆炸后30秒，地面控制中心接到了"阿波罗13号"传来的那句后来流传甚广的话："休斯敦，我们有麻烦了。"这个麻烦实在是不小，因为飞船还在去月球的路上。返回是不可能的，所以航天员们只得继续前进，先绕月球飞行，然后再返回地球。

再去月球

我们应该再去月球。美国科学家甚至准备了星座计划，但后来因为种种原因导致这一计划破产。如果未来的飞行技术得到发展，月球极有可能成为建立科考站的好地方；而且，那里的土壤里充满氦-3，氦-3是一种高能量燃料，价值极高。又或者，以后人们会不会飞到月球去度假？相信时间会告诉我们答案的。

月球

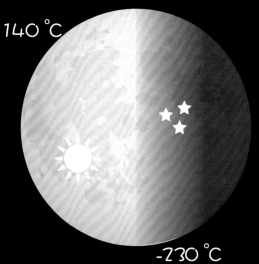

140 ℃

-190 ℃

-230 ℃

现在是月球的天气预报时间。周日到周一的晚上，月球正如之前的每个晚上一样晴朗，不会出现多云天气，因为月球没有大气层，自然也没有云。晚上地面气温降至零下190摄氏度，在两极地区，永久阴影区的温度会达到零下230摄氏度。月球的夜晚很长，相当于地球的两周。月球阴影区的条件很适合观察太空，因为没有太阳和地球光线的影响，也没有大气污染。日出后，月面温度会迅速上升到140摄氏度。所以要记得垫上厚度合适且隔热的鞋垫！这时候的天空依然是黑色的，但观察不到星星。注意强烈的紫外线照射，这是由于缺少大气层的遮挡造成的。白天紫外线指数达到最高，因此严禁在没有隔热隔紫外线防护用具的情况下走到室外。请观星爱好者们白天避免看太阳四周，因为这很容易伤害视力。月球气压异常低，为0.000 000 000 000 3千帕。请大家注意经常监控太阳辐射，月球几乎没有磁场，难以阻挡宇宙射线。当出现太阳活动过于频繁的警报时，请及时躲藏到厚实的金属层下或者地缝中。

静止的地球

从地球上观察月球，我们看到的只是它的一个面。无论是满月还是弯月，我们看到月面上的阴影形状都是相同的。既然看到的都是同样的阴影，说明这些阴影总是朝着地球。如果你站在月球上，用一根杆指向地球，那么这根杆会始终指向地球的方向。这说明，不管行星和太阳如何移动，地球相对于月球几乎始终是静止的。

在月球上看到的地球

观景宾馆

可以想象，未来人类在月球上会建起基地和住宅区。随着交通变得越来越便利，迟早还会出现宾馆。地球上的宾馆里最好的房间的窗户总是朝向漂亮的风景——大海或山。既然在月球的天空地球几乎是静止的，那么宾馆老板肯定会打出观察地球的招牌，修建最昂贵奢侈的房间。

乐维尼亚和沃尔瓦

早在哥白尼时代，约翰内斯·开普勒，一位著名的天文学家和星球观察者，就写了关于在月球上生活的书。书中写道，在乐维尼亚，也就是月球表面，生活着一种皮肤厚实且充满弹性的奇怪生物，它们怕热，一到炎热的日子就会被晒伤。这些生物在自己圆形的根据地里观察沃尔瓦，也就是蔚蓝的地球。当炎热来袭，它们会花两周的时间待在陨石坑的阴影，也就是它们建的假路堤里。尽管这些文字现在读起来有些可笑，但这是世界上第一本科幻小说，并且展现了月球温度变化的特点！

地球

集邮爱好者的宝贝

1967年出现了一张印有航天员在月球上的邮票，他们在观察月球的地平线上很低的地球。邮票上的说明是这样写的："在月球上。地球升起。"直到印好后人们才发现了错误，因为地球不会相对于月球升起。他们很快用黑墨遮住了后面的话。当然，对于集邮爱好者来说，不管有没有黑墨，这样的错票都是最珍贵的。

月球的背面

如果未来人类真的"征服"了月球，那么大多数常驻月球的人会选择回地球去度假。科学家将会避免将自己的实验室建在面对地球的一面上，因为那会有来自地球的光线等干扰。对于他们来说，月球的背面是更有趣的地方。

月球

印出的错误句子

火星
——战神

火星一直以来都吸引着人类。差不多每两年它就会和地球走到太阳的同一侧，在地球人眼里，此刻它位于太阳正对面，发出耀眼的红色光芒。人们用肉眼可以看到它。这时候的火星看起来是天空中最亮的星球之一，有着很强烈的色彩，好像它想给地球上的人们什么提示。但人类可不把这种提示当成好事，长久以来，人类都把它和血与火联系在一起，他们将火星出现在行星之间的现象视为战争和不幸的预兆。在《圣经》中，火星被称为"内格尔"。对于古希腊人来说，它代表战神阿瑞斯，总是被描绘为一个好战的勇士。直到古罗马时期，人们才称它为马尔斯（Mars，即火星）。然而对于古罗马人来说，它是流血的象征。古时候的波兰人，称它为"瓦多"，一方面，他们认为这个星球象征着法律与秩序；另一方面，这个星球也象征着战争。尽管现在我们对这个星球已经十分了解了，但对火星的崇拜仍然无处不在。虽然人类已经知道，这只是个绕太阳旋转的行星，但它依然能引发部分人类的不安。有些人坚持认为，火星上生活着一些想要征服地球的嗜血生物。

火星的标志

阿瑞斯

矛与盾

火星的标志是一个圆圈加一个扬起的箭头。代表战士的矛与盾！这样的图案也是男性的符号。

奇怪的轨道

哥白尼是第一个正确描述太阳系行星的人。他注意到了火星移动的奇怪轨道。现在我们知道，和水星一样，火星的运行轨道没有地球的圆，因此火星靠近和远离太阳的变化幅度会更大。如果地球在远日点附近而火星在近日点附近时，又恰好发生冲日，这就是大冲。这时我们便有绝佳的观察机会，因为那时火星离地球最近，它的光芒看起来最强。大冲一般十几年发生一次。

冲日

天文爱好者都知道，观察火星最好的时机是冲日的时候。这时候，火星、地球移动到了太阳的同一侧，三者几乎成一条直线，地球在火星和太阳中间。冲日的时候，火星离地球比较近，亮度也是一年中最亮的。日落时，火星出现在地平线上，整晚都能看见。冲日的情况每两年出现一次。更少出现的是"大冲"（见"奇怪的轨道"）。

太阳

地球　火星

冲日时的火星

44

2003年火星大冲

火星年

2003年，千百年一遇的火星观测机会出现了，因为那时不仅出现了大冲，而且还是几万年来罕见的大冲！也就是说，这是在整个人类历史上火星离地球最近的一次！当时是人们观察火星的最好机会，在波兰托伦市市政厅楼下甚至还挂出了火星的横幅。下一次这样的机会是在2287年。

很近，却很小

尽管火星有时候离地球真的很近，但它并不是借助天文望远镜最容易观察的目标之一。必须记住，火星的体积比地球或金星小很多，即使空气微小的波动都会影响到观察画面的清晰度。相比观测火星，观察在阳光下发光的一分钱硬币上的图案都要容易得多！即使是冲日时，看到的火星表面依然是模糊的，就算你用最大的天文望远镜观察都是很困难的。

观察火星

火星每一次冲日时都那么耀眼，以至于站在城市中心用肉眼就可以看到它。它的反光和其他行星与卫星都不同，所以不难找到它。不过，如果你有一个望远镜就更棒了，因为那样火星看起来更加漂亮。使用直径10厘米、放大100倍的望远镜就可以看到它表面的一些东西了。首先是赤红色的光芒；还可以看到一些白色的斑点，这是火星两极的冰山上由干冰形成的山顶；如果仔细看，你甚至可以看到表面颜色更深的斑点。

火星的数据

位置： 太阳外第四个行星
直径： 6 794千米
公转周期： 686.98地球日
自转周期： 24小时37分钟
太阳日长： 24小时39分钟
卫星数量： 2

地球　　火星

火星
——红色星球

火星是距太阳第四远的行星。它的直径还不到地球直径的一半。很长时间里，火星为什么呈现锈红色一直都是一个谜，直到火星探测器到访火星，这个谜底才被揭开。答案其实很简单。它的锈红色来自——铁锈！铁锈遮盖着那里的土地，甚至白天的天空也是红色的，这是空中一直悬浮有火星灰尘的原因。两极白色的斑点是干冰形成的极冠。第一张由无人航天探测器通过无线电发来的照片反映的内容，比我们在地球上观测到的多得多。探测器在轨道上就已经能看到火星巨大的峡谷、凝结的火山、广阔空旷的平原和陨石坑了，这都是我们难以想象的。火星上没有一点生命的迹象。

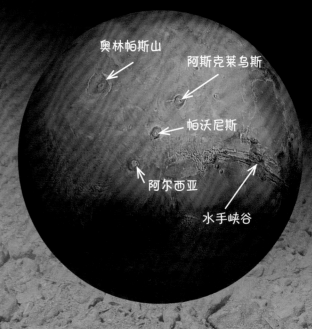

奥林帕斯山
阿斯克莱乌斯
帕沃尼斯
阿尔西亚
水手峡谷

水手峡谷

"水手号"探测器探测到了一个异乎寻常的深坑——一个长4 000千米、深7千米的大峡谷（被命名为水手峡谷）！这是整个太阳系最大的峡谷。如果在地球上，它会横贯整个欧洲！跟它相比，阿尔卑斯山只是小小的褶皱。天文学家认为，那深深的裂缝一定是火星外壳爆炸后又凝固产生的遗迹。

塔尔西斯平原

在水手峡谷地带绵延着塔尔西斯平原，许多死火山点缀着这里。阿尔西亚山、帕沃尼斯山和阿斯克莱乌斯山形成了独特的三联结构。在它们旁边是奥林帕斯山，它的山顶高于平原27千米。这是火星最高的火山，也是太阳系行星上最高的山。

奥林帕斯山

水手峡谷

火星上的"海盗"

红色星球的第一个登陆者是苏联的探测器"火星3号"，但很快它便失联了。美国的"海盗号"探测器表现更好。它从近处拍摄了赤红色的沙漠，测量温度并检查大气。它完成了人类历史上最伟大的实验之一——在地球之外探寻生命。虽然"海盗号"没有找到火星上生命的迹象，但这并不能排除火星存在生命的可能性！

"海盗号"探测器

宇宙的怪物

火星是人类为之发射探测器最多的行星。最初，很多探测器都发生了事故，其中一些撞击到火星表面摔得粉碎，还有一些没有到达目的地。有人开玩笑说，可能是有什么宇宙怪物吃了探测器。其实这都是人类自己的错误。"火星气候探测者号"就是这样的情况，任务失败的原因是在飞行系统软件中使用了不同单位，一些工程师使用公制单位牛顿计算推进器动力，另一些却使用了英制单位磅力。

火星上的马拉松

有许多火星探测器出色地完成了任务，但最好的当数一对双胞胎——"勇气号"和"机遇号"。它们于2004年登陆火星。尽管"勇气号"在登陆6年后毁坏了，但它的双胞胎兄弟还一直坚持着。它用自己的轮子行走了超过4万千米的路——这是人类制造的机器在地球以外的星球表面行走的最远距离！它拍摄了很多照片，调查了岩石，完成了数不清的测量，确定了火星上有水的存在，但至今还未找到生命的迹象。

火星上的"机遇号"

火星上的水

第一批火星照片展示了奇怪的干涸的河床，说明那里曾经有水流过。这意味着，火星曾经和地球很相似。遗憾的是，由于失去了部分大气层和天气的剧烈变化，现在火星没有地表水，水以永久冻土的形态存在。

47

哥白尼陨石坑

这位天文学家的名字不仅出现在月球上，火星上同样有以他的名字命名的陨石坑。探测器拍摄的照片展示了陨石坑底部异常的美景。这是风吹形成的沙丘，形状好似一滴滴水。它们不同的色彩来自于橄榄石的成分。它们确实与水有很多共同之处，不仅是形状上。橄榄石是一种有水参与才能产生的矿石。

哥白尼陨石坑的底部

火星

48

天气预报

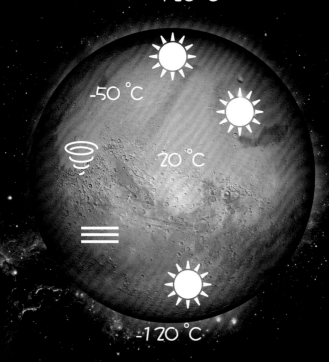

-120℃

-50℃

20℃

-120℃

东边地平线上闪烁的蔚蓝色光芒，预示着晴朗的一天即将到来，这种天气将持续12个小时。日出出现在5:20，日落将在17:20。目前，基地外的温度为零下70摄氏度，但日出后很快会升温。赤道地区中午气温将达到最高20摄氏度。其他大部分地区温度预计最高能升到零下50摄氏度。最冷的是两极地区，气象学家预测将出现最强降温，气温将低至零下120摄氏度。早晨峡谷地区可能会出现霜冻、雾以及少云。由于气压过低，所以不会降雨，仅在两极地区可能出现轻微的降雪，并形成固态二氧化碳。风力弱，气压仅有7帕，是地球气压的0.7%。大气层主要的成分是二氧化碳。气象学家警告最近几个月要小心风力的增强以及最新形成的龙卷风的发展。如果有警报响起，请立即返回基地。像往常一样，提醒大家观察紫外线的强度。如果紫外线过强，请返回基地，或者躲避在较深的岩石裂缝里。

火星的一年与一天

火星离太阳比地球更远，它绕太阳一周的时间相当于地球的687天。也就是说，火星的一年几乎是地球一年的两倍。不过一天的时间和我们的差不多。火星的自转周期为24小时37分钟。

火星的四季

火星的自转轴倾斜于公转轨道面，这导致火星在绕太阳旋转时表面受热不均，也就是说它和地球一样，也有四季！火星自转轴的倾斜角度为25度，和地球相似。地球的倾斜角度是23度。只不过由于火星的一年更长，所以它一个季节的持续时间大约是地球的两倍。

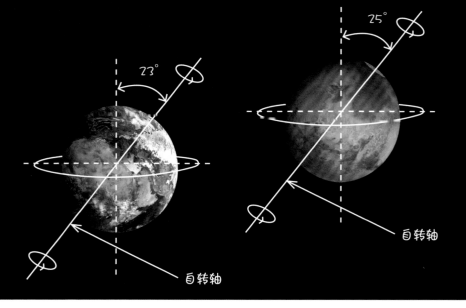

23°

25°

自转轴

自转轴

天空的奇异色彩

地球上白天的天空通常是蓝色的，而火星上由于大气层稀薄，天空呈现红色。直到日落或日出时才看得见蔚蓝色的光。

火星上的日落

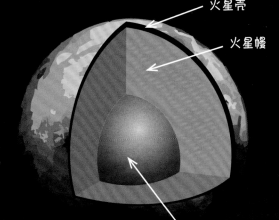

火星壳

火星幔

火星铁核

气候变化

有科学家认为，火星曾经和地球相似。那里曾经有海洋、湖泊和河流，现在我们能够在照片上看到它们遗留的痕迹。这意味着，火星可能曾经是温暖的星球，并且有很厚的大气层。由于体积变小以及大量气体逸散到太空，加上轨道的变化，导致了气候变冷。甚至，很久以前，火星的两极可能是现在的赤道区域。

模拟百万年前的火星外观

危险的紫外线

在地球上，紫外线的天然防护层之一是磁场。许多证据表明，火星铁核凝固并停止产生磁场，因此火星只剩下残余的磁性。另外火星的大气层比地球的稀薄得多。这意味着，因太阳活动而产生的带电粒子很容易到达火星表面，将未来可能登陆火星的未受保护的航天员暴露于危险之中。

冰川时代的火星

49

沙尘暴

如果未来有航天员到达火星，那么对他们来说最大的威胁应该是风速极大的剧烈狂风。狂风将沙尘扬得遮天蔽日，形成沙尘暴。沙尘暴蔓延开来，能持续很久。细如面粉的沙尘能够进入最细小的缝隙。同样危险的还有龙卷风。它们卷起大量灰尘和沙粒，形成漩涡横冲直撞，所到之处还爆发闪电。这对于登陆火星的着陆器和航天员都会造成难以预测的麻烦。

艺术处理过的火星全景图

得摩斯和福波斯
——恐惧和威胁

福波斯

得摩斯

很早以前，人们就猜测火星有没有卫星。直到1877年，阿萨夫·霍尔才真正发现，火星有两个卫星！阿萨夫·霍尔也因此很快在天文学界变成知名人士。既然火星是战神阿瑞斯，那么它的卫星就以战神孩子的名字——得摩斯和福波斯来命名吧，他们分别是恐惧和威胁的化身。遗憾的是，那时的望远镜实在是太小了，不能清楚地看到它们的形状和表面细节。直到航天探测器传回了它们的照片，人们才发现，这两颗卫星很小，都是灰色的岩石，甚至不是圆形的。一些搞笑的观察者甚至将它们比作宇宙中的土豆！另外，它们的表面存在着大量在太阳系形成时期因撞击而形成的陨石坑。

和火星人联系？

1726年，在发现火星的卫星很早之前，出现了一本小说，名字叫作《格列佛游记》。作者乔纳森·斯威夫特在小说中提到火星有两颗卫星，然而直到一个半世纪后，火星的两颗卫星才正式被发现。这是巧合吗？有人认为不是。甚至在20世纪，还有一位学者认为，斯威夫特肯定和火星人有秘密的联系。

西升东落

人们在研究两个卫星的轨道时，很快注意到了一些有趣的事情。人们发现，尽管有30个小时的公转周期，但由于得摩斯在火星的天空上升得很慢，所以能够照耀大约3天的时间；而离火星更近的福波斯围绕火星公转的速度比火星自转速度还快，因此从火星上看，它从西边升起，东边落下。

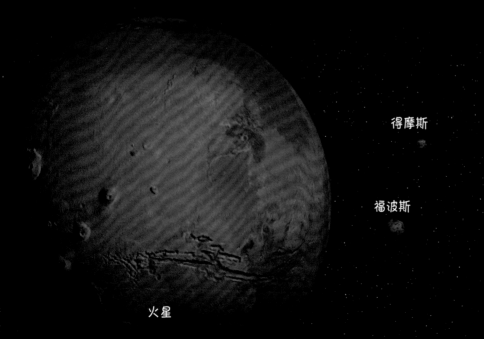

得摩斯

福波斯

火星

火星的基地

在把航天探测器送往火星之前，很多人相信火星人的存在。既然福波斯从西边升起，而且它的轨道异常地圆，就好像地球的人造卫星，那就不许福波斯也是这样的人造卫星吗？1959年，一位天文爱好者利用这些事情开了个玩笑，说证实了福波斯是颗人造卫星。没想到，那些误把玩笑当真的人很快到处传播，说福波斯真的是火星人的基地！

俘获卫星

第一个到访火星的探测器发回的照片揭示了这两颗卫星的真面目，它们绝不是理想的太空基地。这两颗卫星的形状像小行星（像行星那样围绕太阳旋转、但体形比行星小很多的天体），这样的小行星在火星轨道之外有上百万个。于是人们提出假设，认为得摩斯和福波斯是来自小行星带，受火星引力影响，被火星俘获的。实际上，一些分析也确定了它们与小行星的相似性。

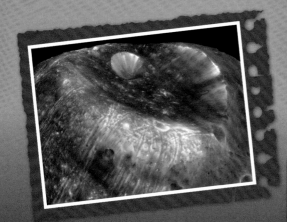

史迪克尼——福波斯最大的陨石坑

火星人的破坏？

1988年，苏联发射的航天探测器去福波斯的表面采集土壤样本。为了保证任务顺利完成，他们准备了两台相似的飞船以防其中一台发生事故。遗憾的是，两台探测器都没有成功登陆。2011年，俄罗斯又发送了另一台福波斯-土壤航天探测器，但这一次依然没有成功着陆。接二连三的失败又一次激发了人们的想象力，这一切是巧合还是因为——火星人？

"福波斯-土壤号"探测器

火星日食

如果有一天去火星旅行，你一定要看一下火星日食！事实上，与地球不同的是，你可以经常在火星上看到这种现象，但不幸的是，由于火星的卫星体积太小，所以你不可能在这里像在地球上一样看到日全食，所以，把火星的日食叫卫星从太阳的表面通过可能更合适。

火星和福波斯

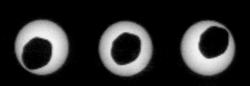

红色星球上的绿色小人

你可能不敢相信，直到20世纪，火星上可能生活着智慧生物的说法，依然有一大批拥护者！这些拥护者认为，与火星人取得联系是我们的义务，也是经济的需要。但是怎么才能取得联系呢？想法有很多。有人说要砍伐西伯利亚的森林，然后做成巨型的勾股定理模型；有人说要在沙漠里准备特别的镜子，然后向火星发射光信号。最疯狂的想法是，在撒哈拉沙漠上挖出几千千米长的沟渠，然后画出象征人类智慧的形状，然后用石油灌满这些沟渠并且点燃！这样，其他星球的人在夜晚也可以找到我们。幸好这些奇怪的想法没有付诸实施，因为现在看来这些想法非常愚蠢。不管怎样，每个人都想成为第一个和外星人取得联系的人。甚至出现了给第一个联系到外星人的勇士发放10万英镑奖励的说法！但这个奖励不包括联系到火星人，因为那时候人们觉得这肯定非常简单。

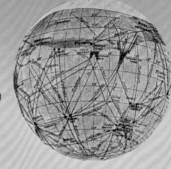

20世纪初人们绘制的火星地图

运河

1877年有传言说，意大利的观察家乔雷尼·斯基亚帕雷利在火星表面发现了两条奇怪的线。他将之称作canal，也就是——运河！这一发现引起了全世界的关注。人们想，既然火星上看不见海洋，火星人一定是通过其他方法解决缺水问题的。他们从融化的冰川采集水，再运输到沙漠地区开挖的运河里！帕西瓦尔·罗威尔甚至为此建立了特别的实验室，来完善火星的地图并观察运河。

绿色的生物

在观察家、业余爱好者、伪科学家的一系列戏剧性的发现后，伪记者的时代又来了。他们编造了一些消息，歪曲了很多事实，向全世界散布火星上有绿色生物的谣言。有些人甚至开玩笑说：绿色的人在红色的星球上生活是多么有趣啊！

《星球大战》

19世纪末，一本严肃的小说出现了。赫伯特·乔治·威尔斯出版了一本科幻小说——《星球大战》，这本书光是名字就让人直冒冷汗。作者生动地描写了火星人对地球的攻击，人类被热辐射伤害，被嗜血生物残杀。到今天这本小说都被认为是最经典的科幻小说之一。

恐怖的广播剧

那是1938年的万圣节，哥伦比亚广播公司和水星剧院根据威尔斯这本科幻小说制作了一个广播剧。广播剧制作得非常逼真，以至于许多新泽西居民惊恐地认为这是现场直播。根据统计，因恐慌造成的损失几乎达到一百万美元。据说唯一认为这是一部好剧的，是当时年仅8岁的克林特·伊斯特伍德。

幻觉

许多科学家试图消除人们对火星的误解。他们说，火星运河只是一种幻觉！你只要盖住望远镜的镜头，运河就会消失。直到火星探测器传回了第一张照片，火星文明的存在才被质疑。

53

火星上这个微笑的图案是一个名为戛勒的陨石坑。它的直径达到220千米

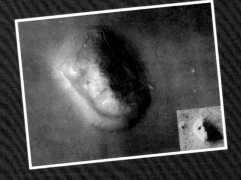

看起来像人类微笑的石块

火星上的人脸

火星表面的照片刚刚让人相信火星上没有生命，但一张奇怪的照片又激起了人们对于火星生命体的猜测。在照片上，有张巨大的浮雕人脸！其实，这不过是一块普通的岩石，它被太阳照射的角度使得它刚好看起来像是一张人脸。

来自火星的表情

今天我们有非常精确的火星表面地图。你甚至可以通过探测器，看到以往火星探测器的残骸和着陆的痕迹。在火星照片上，我们有时会看到一张笑脸，甚至很多的心形图案！如果有人非要说这是火星人的创作，那他必须承认，这是火星"小绿人"对地球人友好的表示。

火星上的心形图案

小行星，没有成形的行星

18世纪下半叶，两位天文学家发现了提丢斯-波得定则，即所有已知的系内行星到太阳的距离，都可以用一个数学公式来推算。只要用0，3，6，12，24，…（在这个数列中，0对应水星，3对应金星，6对应地球，以此类推。）这个数列里的数加4再除以10，就可以获得用天文单位表示的太阳系的各个行星到太阳的距离！根据这条规则，第一颗行星应该在太阳的6 000万千米之外，而水星与太阳的实际距离大约为5.900万千米。同样，根据这个公式，计算出金星、地球和火星与太阳的距离，分别是1.05亿、1.5亿、2.4亿千米；实际距离为1.08亿、1.5亿、2.28亿千米。这是巧合吗？当天王星被发现时，它的距离同样也符合计算规律，人们意识到太阳系的行星排列符合一种未知的规律性，尽管没有人明白它，但它非常有用！奇怪的是，这一规律表明，在距离太阳4.2亿千米的地方，即火星和木星之间，也应该有一颗行星，但事实并非如此！这样的规律只是一个巧合吗？还是那里其实有什么秘密等待解密者的出现？

空中警察

1800年时，一家名为"空中警察"的协会成立了。它由24位观察天空的人组成，他们的任务是在火星和木星之间搜寻天体或天体残骸。

令人难忘的新年之夜

新年之夜要做什么呢？最常见的是在新年的前一晚来一场盛大的聚会！如果你也喜欢观察星星，那你可以在星空下庆祝新年。一个空中警察的成员，朱塞普·皮亚齐就是这样做的。1801年1月1日，他通过望远镜看到了一个会改变位置的新天体。最初，皮亚齐以为它是一颗彗星。后来人们发现，这颗绕太阳运行的奇怪天体大约离太阳有4.2亿千米远！这是一颗新行星吗？

皮亚齐在他的书中称它为"切雷拉·费迪南"（谷神星）。因为这个发现，国王准备给这位天文学家颁发一枚黄金奖章，但皮亚齐却请求国王赠给天文台一台新望远镜。

小行星与矮行星

很快人们就发现，这个新发现的天体很小，所以尽管距离不算远，但科学家还是在很长一段时间内都没有发现它。它的直径只有1 000千米左右，相当于从德国鲁尔到华沙的直线距离。相比于已知的行星，它几乎是一粒面包屑。在接下来的几年中，人们又发现了更多的"面包屑"，它们与太阳之间的距离和谷神星差不多。有人觉得它们与行星相似，称它们为小行星。今天我们认为谷神星属于矮行星，而它所在的小行星带的其他星体都不是矮行星。小行星带里有成千上万的岩石碎块。

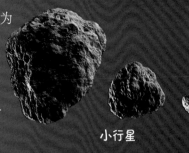

小行星的来源

我们一直想知道为什么我们观察到这么多的"面包屑"。也许是古老的星球分裂成了碎片？或者是我们的邻居——火星人造成的吗？人们对此进行了探索并解释了原因：在火星和木星之间从来没有一颗行星。那石头和岩石是从哪里来的？其实，是来自未成形的行星！当太阳系诞生时，每一个岩石行星都有相似的起源，地球也是，由气体和尘埃慢慢凝聚而成。然而在火星轨道外面形成行星就没有那么简单了，因为木星是太阳系中最庞大的行星。由于它巨大的引力，使得尘埃和凝聚成的岩石碎块不能形成行星。

密密麻麻、满是石块的小行星带

镌刻在宇宙的名字

谁不想自己的名字出现在宇宙中呢？但有一个条件——你必须是一个名人，最好是在天文学领域有名。在小行星的名单上，我们找到了哥白尼、赫维留、居里、屠呦呦、陈景润、茅以升……

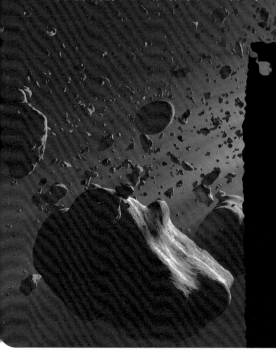

小行星

——矿藏

大多数小行星在火星和木星轨道之间运行，它们之间会发生碰撞，碰撞产生的碎块有可能飞近太阳。这意味着小行星的运动轨迹和地球的公转轨道有交叉，也意味着宇宙的岩石时不时会与地球相撞。幸运的是，这种情况很少发生。严重的碰撞在千万年前曾经发生过一次。那是6 500万年前，一颗直径10千米的小行星撞击了地球，造成了恐龙和其他物种的灭绝。今天，如果你想引起轰动，只要在媒体上宣布有岩石碎片朝地球的方向飞来就够了。但是我们真的害怕小行星吗？不一定！首先，如果6 500万年前没有发生过灾难，恐龙可能今天还占领着地球。这就意味着人类很少有机会出现。其次，因为小行星在未来可能非常有用。那今天呢？今天，人们仍需要去探索它们，以便我们能及早预见任何可能的危险，并准备防御它。

陨石多久光临地球一次？

对于到访地球的陨石而言，"小面包屑"非常多，但直径几米大小的宇宙岩石并不会对地球构成威胁。它们大多在大气层中燃烧殆尽。陨石能坠落到地球表面的，一年都不会发生很多次，而且这些陨石通常坠落在无人居住的地区。直径100米大小的小行星碎块可能几百年会光临地球一次。最危险的是直径超过10千米的陨石，但它们很少见。

小行星撞击地球导致恐龙灭绝

月球上清晰的陨石坑

从近处看小行星

不过，即使是最大的地面望远镜也无法看清小行星的细节。太空探测器向地球传回了很多宇宙岩石的照片。天文学家早就知道它们不规则的形状，而探测器的照片显示了更多细节，小行星上有陨石坑，表面尘土飞扬，灰度不均匀，甚至有更小的碎片围绕着那些更大的碎片。精确的分析表明它们含有非常有价值的矿物。谷神星是其中特别有趣的，在谷神星上的奥卡托陨石坑里，人们观察到了两个发光的斑点。

2000年的情人节

情人节对小行星有什么影响？每年2月14日是情人节。情人们的守护神是爱神，而有一颗小行星就叫这个名字，它就是爱神星。"会合-舒梅克号"探测器的目标是仔细探测爱神星，这次飞行计划的安排是，探测器在2000年的情人节进入爱神星轨道，之后对爱神星进行表面分析，绘制地图，最后成功登陆爱神星表面，这是人类探测器第一次在如此小的星体上停泊。

新的思路

进入爱神星的轨道是一个巨大的成功。爱神星直径只有35千米长。这样一个小天体的引力是可以忽略的，所以精确的对准主要由定向电机来实现。这一计划的成功表明，即使在几乎没有重力的物体上，我们也能停锚！这意味着，如果我们发现一颗正在威胁地球的小行星，一种可能使用的办法就是发射一个探测器，锚定小行星，把它从危险的轨道上移走！

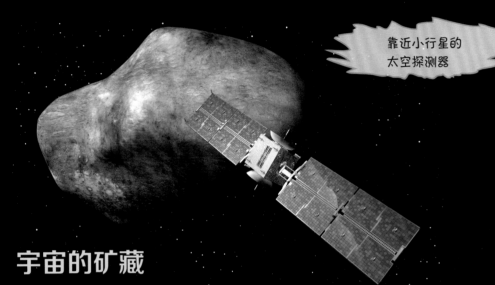

靠近小行星的太空探测器

小行星基地

有些人已经对未来充满期待。他们认为，人类遥远的未来是太空时代，我们将建造基地和太空船，因此把小行星运到地球没有意义。也许将来，他们打算用小行星的矿物在现场建造基地？小行星上有硅、铁……有了先进的技术，你可以把整块石头变成房子，甚至可以在里面放上火箭发动机，从而建造一艘未来航天员的宇宙飞船和一架现成的小行星旅行器。谁知道呢？时间会告诉我们答案的。

宇宙的矿藏

通过研究，我们很清楚小行星是非常有价值的。以后我们探访小行星，将不仅是为了移开对地球构成威胁的岩石，因为小行星上有很多有价值的金属，比如铁、镍、铱，甚至是铂，所以有些人想象未来远征去小行星提取矿石，甚至想象把所有的小行星都放在地球附近，以便运输金属到地球！

小行星旅行器（想象图）

陨石
——行星的碎片

想从太空取一块岩石？你可以发送一个太空探测器到另一个星球上，捡起一块石头，然后把它送回地球。可惜的是，这样一个任务的成本将是无底洞，在技术上也非常困难。当然，还有另一种获得宇宙岩石的方法，而且绝对免费！你要做的就是等着"面包屑"从天上掉下来，或者寻找那些很久以前就来到我们身边的陨石。大部分来到地球的宇宙岩石都来自小行星带，但有时也会来自月球或者火星！这些陨石对科学家来说是最有价值的，因为这让他们有机会在地球实验室研究地外物质。它不仅是遥远的宝藏，也是我们能触摸到的最古老的材料。因此，对许多收藏者来说，太空岩石比黄金或珠宝贵重得多。

寻找外来宝藏

找陨石最好的方法是寻找它们残留的遗迹以及寻找还有温度的石块。在寻找陨石之前，你最好了解一下陨石长什么样子，然后试着在田野或草坪上找它们。一年之内，可能会有数百颗这样的石头落在地球表面。由此可见，在中国的领土内差不多每年都有陨石坠落，但很少有被找到的。那些没有被找到的陨石就静静地躺在那儿，等待着人们发现它。

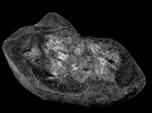

2013年，一颗陨石坠落到了俄罗斯乌拉尔地区的车里雅宾斯克州

铁和石头

陨石是什么样的？它们看起来很普通。刚坠落的陨石表面光滑，呈黑色，看起来好像刚从黑色的泥土中取出来一样。然而，它们显然比其他石头重。较老的陨石标本通常被腐蚀，具有不均匀的外壳，覆盖着生锈的涂层。大多数陨石都含有一定成分的金属，这就是为什么大多数陨石——甚至类似于普通石头的陨石——具有磁性的原因。我们可以在许多陨石中看到金属碎屑，而铁陨石里几乎全是铁镍金属。

为什么叫陨石，而不是叫流星？

很多人对这些东西真正的名字有些困惑，所以在此我们有必要依次为大家阐述一下。当在天空中看到像星星一样的光点划过，我们称其为流星。这正是很久以前希腊人所说的在空中飞过的东西。流星是宇宙岩石的碎块在坠落过程中穿过地球大气层时形成的。形成流星的天体通常体积不大，那些小东西的体积大约相当于砾石或者鹅卵石大小。当石头的大小和鹅卵石差不多时，我们就把它称为流星石。大石块在地球大气层里来不及完全燃烧，当坠落到地面时能够砸出一个很深的坑。那时我们会玩一个文字游戏，就称它为陨石。

流星雨

火星碎屑

有一些陨石来自火星。这些碎块是另一个天体与火星表面发生撞击而形成的岩石碎块。这些撞击十分猛烈，以至于火星岩石被抛进太空，其中一些落在了地球上。

小行星块

类地行星的内部是什么样的呢？它们是由中心的金属核和外面包围的石头组成。如果这些外围的石头受到强大的冲击变成块状物，就有了这些石块和铁块。一些石块飞溅到宇宙，并最终来到地球，就构成了陨石！这没什么奇怪的，它们中大多数是碰撞后的残余物。

陨石降落在哪里？

最有名的陨石坑应该是在美国亚利桑那州迪亚布洛峡谷的暗黑破坏神陨石——巴林格陨石留下的。据分析，这块陨石五万年前来到地球，在这块土地上造成了一个直径1 000米的冲击坑。在纳米比亚也有一个巨大陨石，已经被开发成了当地的旅游景点。当然，在波兰也有坠落过陨石的地方。在波兹南附近的莫拉斯卡森林里，有几个经常被水淹没的坑，这些很可能就是陨石冲击坑。这里的铁陨石也是最近发现的。同样还有沃维察和谱图斯卡地区。在华沙附近的巴什库弗卡村也在开采陨石，这颗陨石当时正好坠落到在农田里工作的人们眼前。正如我们所见到的，太空岩石碎块就在我们身边，有时伸手就能碰到。

亚利桑那州的巴林格陨石坑

木星

——雷电之神朱庇特

在古代,木星是最重要的行星。尽管当时没有望远镜,但人们却已经确定木星是太阳系最大的行星了。用肉眼来观察一下木星,就不难明白人们为何这样确定了。我们没办法忽略这颗行星。它和金星都是天空中最亮的点。它稳步地、缓慢地、庄严地移动着,好像要掌管整个天空。在巴比伦文化中,众神之主马杜克就象征木星。它与罗马神话中最重要的奥林匹斯山之神朱庇特(古希腊神话故事中的宙斯)联系在一起。它代表光明、闪电、天气以及力量,是稳定和安全的保护者、统治者。在中国,由于古代人民信奉五行学说,所以,这颗行星以五行中的"木"来命名;之前我们讲过的水星、金星、火星以及我们接下来要讲的土星都是根据五行来命名的。直到今天,木星仍然吸引着众多天文观察者。虽然它一年中有很大一部分时间都会出现在天空中,但木星最美的时候是和其他天体相伴出现之时。当它周围出现金星或月亮,我们就可以拿出相机了。

朱庇特

木星的标志

木星的卫星

伽利略是第一个把望远镜指向木星的人。他的望远镜很原始,看到的画面比许多现代双筒望远镜看到的图像还糟糕。然而伽利略看到了四个像星星一样的点,它们每夜以木星为中心盘旋着。他认为,这是四个围绕木星旋转的卫星。之后,这四颗卫星的名字很快就确定了。人们决定用古希腊神话故事中宙斯身边的美女和美少年的名字来命名这四颗卫星,它们分别叫作:Io(伊奥)、Europa(欧罗巴)、Ganymede(甘尼米德)、Kallisto(卡里斯托)。如今我们已经知道了几十个木星周围的天然卫星,而它们也以宙斯后代的名字来命名。

朱庇特权利的象征

在罗马神话中,朱庇特喜欢统治,同时也喜欢光亮。他最喜欢的工具就是闪电,因此,几个世纪以来,闪电都是作为朱庇特的象征出现。时至今日,朱庇特的形象稍微做了些修整,但依旧能让人联想到暴风雨来临时闪电的形象。

天文望远镜中的木星

通过更大的天文望远镜我们可以更清晰地看到木星上的条带。在摄影时代来临之前，观察者们就谈到了木星周围奇怪的平行条带。直到后来人们发现，那些是大气层中的云雾，而木星的扁平化（赤道比两极略突）是绕自转轴快速转动的结果。

与彗星碰撞

现在看来，通过小型望远镜已经不能观察到木星上的奇特之物了，但我们还有探测器和天文望远镜。1994年7月，可能所有的望远镜都指向了太阳系最大的这颗行星，这是因为木星与著名的彗星苏梅克·利维发生了碰撞。在业余爱好者普通的望远镜中也能清晰地看到碰撞后木星上产生的一块黑斑。

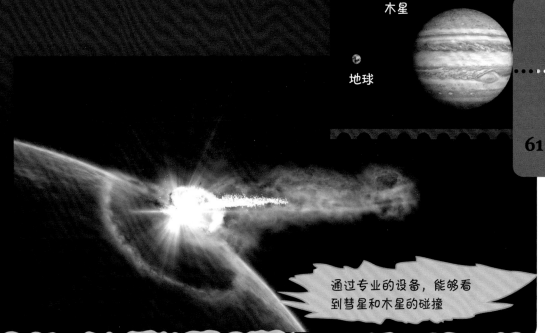

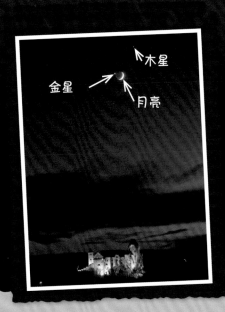

木星

地球

61

通过专业的设备，能够看到彗星和木星的碰撞

金星　木星　月亮

光速是如何计算的？

如果你有好的想法，那么即使用口径不太大的望远镜进行观察也会有收获。在伽利略发现木卫一之后不久，奥勒·罗默发明了测量光速的方法。木星距离太阳很远，尽管如此，通过望远镜还是能看到木卫一规律性地被木星遮住，然后现身。人称木卫一蚀。木卫一蚀是有规律的，而绕着太阳旋转的地球会周期性地接近和远离木星。因此，在地球轨道上的不同

点，木卫一蚀发生的时刻是不同的，由此可以计算出光速。通过这个方法罗默计算出光速为2.1×10^5千米/秒，实际的光速值为3.0×10^5千米/秒，然而在那个只有小望远镜且大多数人都不相信地球运动的年代，得出这样的结果是令人印象深刻的。

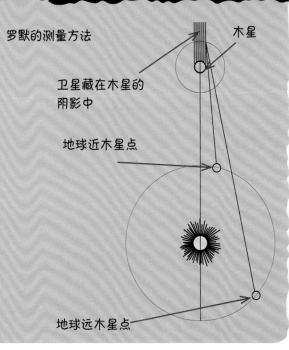

罗默的测量方法

木星

卫星藏在木星的阴影中

地球近木星点

地球远木星点

木星
——行星中的巨人

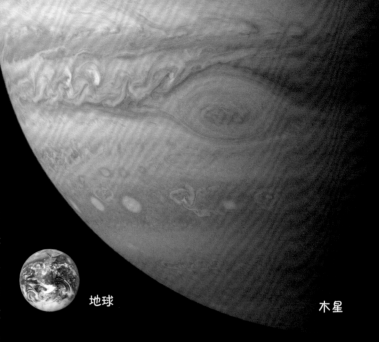

太阳系里没有比木星更大的行星了。木星是从太阳出发向外数的第五个行星，和前面四个行星比起来，它可是个庞然大物。它和土星一起组成了太阳系中的巨行星"二人组"。从直径上来说，木星直径是地球直径的11倍！如果把木星比作一个巨大的麻袋，它可以把1 300多个地球当作篮球装在里面。所以我们不必感到奇怪，尽管距离地球很远，但在夜空中我们仍能看到木星，而且它比火星清晰得多。不过，如果不借助望远镜，我们无法观察它的表面。望远镜能够放大图像，但只有飞近木星的太空探测器才能为我们展示它的细节。

地球

木星

充气巨人

当我们剖开木星会发现，它几乎全由气体构成。随着其深度加深，压力和密度随之增加。外层主要是离子氢。在3万千米的深度，氢被挤压成液态金属状态。里面有一个相对较小的、成分未知的岩质核心，它的温度达到了3万摄氏度。

62

木星云带

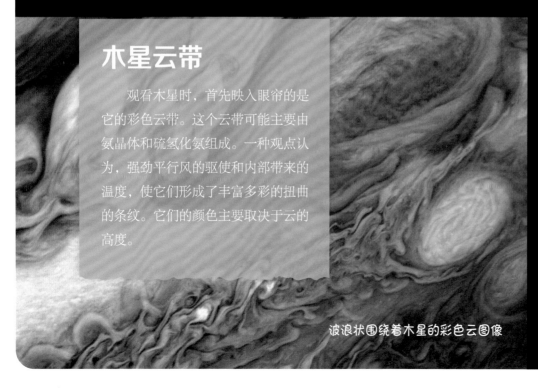

观看木星时，首先映入眼帘的是它的彩色云带。这个云带可能主要由氨晶体和硫氢化氨组成。一种观点认为，强劲平行风的驱使和内部带来的温度，使它们形成了丰富多彩的扭曲的条纹。它们的颜色主要取决于云的高度。

波浪状围绕着木星的彩色云图像

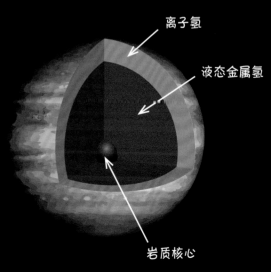

离子氢

液态金属氢

岩质核心

扁平的巨人

从望远镜中能够看到，木星不是正球形的，赤道部分被强大的离心力推出，这是行星快速旋转的结果。它的自转周期不到10小时。由于质量巨大而密度很低，使得木星发生了明显的变形。

大红斑

几个世纪前就有了形态固定的木星的画像，上面都有一个大红斑。木星大红斑是椭圆形、红颜色的。直到后来人们才发现，这是一个直径比地球还大的气体旋涡。最近的研究表明，这个大红斑正在消失。它比两个世纪前已经小了很多。未来几代人或许只能从老照片和书本中认识它了。

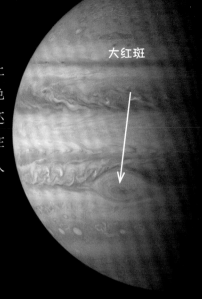

大红斑

近距离考察

到达木星的第一艘航天器是"先锋10号"。它对木星的大气、磁层进行了测试，并拍摄了第一张木星照片。"旅行者1号"做得更好。这两个探测器都飞近木星，采集了很多的数据，并找到了一个微妙的木星环。迄今为止承担最重要使命的是"伽利略号"。1995年，它的轨道舱成为木星的第一颗人造卫星。另外，它向木星大气抛出了一个带有降落伞的微型探测器，微型探测器穿过木星云层进行了一系列测量，直到巨大的压力将它压碎。"伽利略号"探测器配备了形状像遮阳伞的大型天线。不幸的是，它没有正常打开，所以数据传输速度受到了限制。不过我们还是获得了一些出色的照片和数据。任务结束后，伽利略探测器轨道舱也潜入木星大气层，与微型探测器一起消失在了那里。现在还有另外一个探测器——"朱诺号"，在那里为天文学家提供更精准的测量数据。

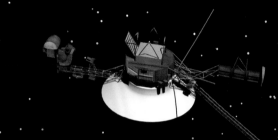

"旅行者1号"探测器
接近木星

磁场

木星是太阳系中最大的行星，因此在它周围环绕着太阳系最大也最复杂的磁场，比地球周围的磁场要强几十倍。这是无线电波的来源。太空探测器记录的电波后来被处理成了声波。得益于这样的技术，我们除了可以看到木星周围的磁场，同时也能够听到它。

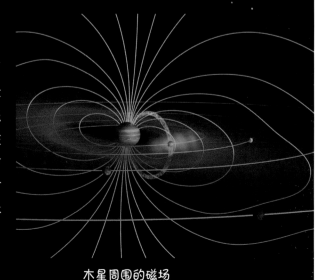

木星周围的磁场

木星的卫星
——宙斯的伴侣

伊奥　欧罗巴　甘尼米德　卡里斯托

很多先驱者在木星卫星的观测上取得了成绩，但没有人成为第一个发现者。根据一些史书的记载，第一个发现木星卫星的是中国人甘德。此外，还有德国天文学家马吕斯也宣称在伽利略之前发现了木星周围的卫星。但不管有多少种说法，目前伽利略才是国际上比较公认的"木星伴侣"发现者，不过，木星卫星名字的命名方法是马吕斯提出的！无论如何，如果能活到今天，他们每个人都会产生自豪感。木星的卫星是我们太阳系中最有趣的天体系统之一！尽管几百年来，人类对行星的了解越来越深刻，各种行星也一直令所有观察者和研究人员惊叹，但木星及其卫星仍然由于其独特而丰富，堪比一个微型太阳系而备受青睐。它的卫星有冷有热，有大有小，有色彩艳丽的，也有暗淡无光的。有的富含液态水，有的富含液态硫。它们也有不同的表面——光滑的，粗糙的和多坑的。有时候很难相信，在宇宙中这样一个角落里会存在这么多的形态和色彩。谈到行星，不可能忽略卫星世界。越是涉及生命存在可能性的主题，我们越是对木星周围的世界感兴趣，它们可能是未知的，也许是与地球相近的。

喷发硫黄的伊奥

伽利略发现的四个木星卫星中最接近木星的是木卫一（伊奥），这颗卫星非常让人吃惊。它的尺寸与月球相差不多，它的表面令人惊讶，类似融化的黄色奶酪，上面点缀了些番茄酱和橄榄，看起来像一个巨大的太空比萨！事实证明，这是一个巨大的硫黄聚集潭，这些硫黄是从无数个火山中喷发而出的。熔岩浆的高压导致致密材料不断上升，造就了很多高山。卫星内部的高温是与巨大的木星太近造成的。木星强大的吸引力不断拉扯木卫一的表面，引起摩擦和发热。

木卫一（伊奥）　　　　月球

伊奥和月球大小差不多

有丰富水资源的欧罗巴

欧罗巴

这是伽利略发现的四颗木星卫星中离木星第二近的。这里也能观察到很多热量引发的现象，但由于欧罗巴离木星有一定距离而不太强烈。这种热量不足以熔化岩石，但可以融化冰块。虽然欧罗巴外面的壳是冻结的，但它下面却是广袤的无边无际的温暖海洋！水是生命的载体之一！那么欧罗巴能否像40多亿年前的地球一样，衍生生命呢？对于这个问题，我们可以在空间探测器落在冰裂面上的时候找到答案，特殊的热传感器发射的信号会透过冰冻的外壳散射开来。当这些信号潜入海洋深处时，我们就会知道里面是否有外星生物。显然这比在火星上找到生命的概率要大！

欧罗巴上的冰封景象

65

甘尼米德
——木星卫星中最大的一个

即使只用双筒望远镜也能观察到木星的第三颗天然卫星——甘尼米德，这颗卫星不比其他几颗差。它是整个太阳系行星系统中最大的卫星，个头甚至能与水星相比！甘尼米德与木星的距离较远，因此热量也较少。事实上，在甘尼米德的表面下，在部分融化的冰块中发现了较少的液态水，甘尼米德的部分地区地貌破碎，像极了地球上的冰川侵蚀地貌。它破碎地貌的产生原因至今仍是一个谜。那里还有一个非常稀有的氧气层。

甘尼米德

大坑遍布的
卡里斯托

木星的第四个卫星（卡里斯托）温度就很低了。卡里斯托让人联想到一个巨大的冰球，在它形成之初遭到了岩石碎块的轰炸，因此这里聚集了太阳系中所有卫星中最多的陨石坑。它的表面几乎是死寂、没有变化的。也许它内部的一些水资源将会被未来木星周围天然卫星的殖民者使用。

木星卫星的未来

今天我们已经能通过双筒望远镜看到木星周围四颗卫星中最大的一颗，太空探测器也为我们发送回很多图像。可以想象，未来，这些卫星不只是被人们用来赞美，还可能成为我们的家。要知道，那里有丰富的水资源、氧气和各种矿物，可以用来建立基地。现在，那里大多数都还是冰封的世界，然而它们某个时候或许就会变得对人类友好起来。当太阳辐射变得更强烈时，地球可能变得太热而无法居住，但遥远行星的卫星将为我们创造理想的条件，而它们冰封的地壳将会是水的一个重要来源！

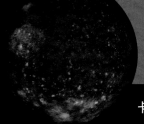

卡里斯托

木星及其卫星

一天气预报

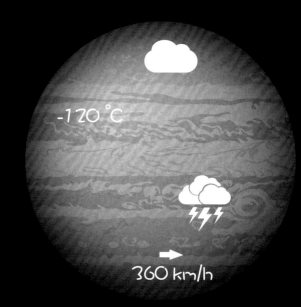

-120 ℃

360 km/h

现在播报木星及其卫星的气象信息。由于快速的自转，木星的白天只能维持5个小时。同样，晚上的时间也这么少。不要指望在接下来的12年内能改变它们的长度。由于自转轴几乎没有倾斜度（自转轴的倾斜是造成四季变化的原因），木星上没有任何季节变化。当研究人员和旅客们进入木星大气层时，应特别注意强烈的风向变换，即东风和西风的变换。它们的速度可以达到360千米/时。木星的对流层是十分危险的。云层很厚，且距离木星核心越近，云层越厚。木星上层温度约为零下120摄氏度，夜晚降至零下160摄氏度。在偏南的地方和大气层的较深处会变暖，气压也会随大气层深度的增加而增加。在主云层之下，发生雷暴的可能性很大，降水概率为零。只有在最深的区域气体才能凝结。对木星卫星上天气的预测有些不同。在伊奥上温度有所变化，从170摄氏度到几百摄氏度不等。注意火山周围的高温。在除了伊奥之外的木星卫星上，要注意的是到处布满着的厚厚冰层。

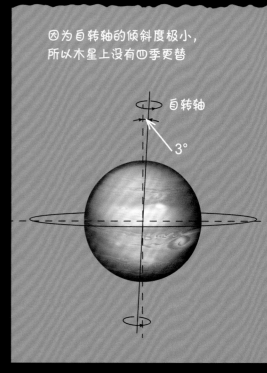

因为自转轴的倾斜度极小，
所以木星上没有四季更替

自转轴

3°

不可能的降落

想要在木星上降落十分困难，因为这个星球没有固定的表面。如果我们淹没在云层急风中，压力则会增加，我们就会看不到清晰的地面。在氨云层下，我们会发现更多的云层，这些云层有50千米厚……在云层深处的某个地方还可能出现强烈的闪电，这闪电比地球上的强得多。尽管你觉得所有的木星基地都应该建在土地上，但还是想象一下建到气球上的场景吧！这样基地会漂浮在大气上层，那里天空是蓝的，云层很薄，太阳光照亮并温暖着我们的房间。另外，每个乘着气球的人都知道他不会感觉到风，因为他们在和风一起飞翔！

伊奥上的灼烧

伊奥很奇特。在向着木星的一面，炎热的火山和液态硫黄会烧伤我们的脸，而在背对木星的一面却会感受到来自宇宙的严寒。如果没有厚厚的保暖层，我们根本没有办法在上面生存。因为木星的强大磁场，我们也无法用无线电波进行通信。

欧罗巴的大师训练基地

欧罗巴表面覆盖着厚厚的冰层。溢出来的地下水很快就会冻结，从而形成纵横交错的长沟渠，这种沟渠一般会有几千千米长。这可是练习滑雪橇的好地方！由于没有下降的坡度，我们要自己提供动力来滑动雪橇。

甘尼米德的山

甘尼米德的表面曾经是活跃的，现在的构造运动已经停止。这可能是一个山区探险的好地方。喂，要来一次山区探险吗？

水热能源

木星的卫星不断被巨大的引力挤压和拉伸，使得地表下较为温暖！而温暖总是对人类有益。因此我们很容易能想到运用热水的内能。

平静的卡里斯托

卡里斯托是木星第四颗被发现的卫星，它似乎是最安静的。它很大，相比我们前面说到的那三颗卫星，它离木星最远，地面变形程度最小，在那里建立基地不用担心表面的压力和冲击。另外，这里的木星辐射本身就很弱，所以危险的干扰也没有离木星较近的那些卫星那么多。此外，卡里斯托的引力较小，会使它表面的物体没那么重。

木星卫星上的未来空间基地景象

67

土星
——时间之神

在夜空中，土星是一颗明亮的星星，我们用肉眼就可以很容易地看到它，尽管它的亮度要次于木星和火星。古人注意到土星，认为它是所有行星中运动最慢的。根据逻辑推断，它一定处在距离我们最远的地方。你可以在希腊神话中看到土星的影子，希腊众神中的克洛诺斯就代表着土星。在罗马神话中，土星对应的是农神萨图努斯。他是马尔斯（火星）的爷爷，朱庇特（木星）的父亲。当时土星是人们认为的最遥远的行星，因此在神话传说中，萨图努斯试图掌管整个行星家族，甚至是时间。由于害怕孩子长大后会夺取他手中的权力，他甚至直接吞下了自己的孩子！幸运的是，他没有吞掉朱庇特，即木星。尽管那只是神话故事，但当时人们看到土星还是会感到背后一阵寒意，特别是它总和镰刀一起被描绘出来。后人改编了一些故事，他们说，土星的镰刀是农业的标志。

土星的镰刀

每一个行星都有与自己特征联系在一起的标志。火星有矛和盾牌，木星是闪电，而土星则是镰刀！直到今天这个行星的形象都与镰刀联系在一起。虽然已经经过了很大的修改，但人们仍然可以在土星的标志中发现镰刀的形状。

萨图努斯

土星的标志

土星长得不平凡

人们总说：你想爱上天文学吗？那就用望远镜看看土星吧。确实，从望远镜里观察到的景象令人难以忘怀，即使我们的设备直径只有几厘米，只能放大几十倍。你看到的美丽景象，一定包括包围着土星的行星环。居然有人想要给土星取"有耳朵的星球""戴帽子的星球""转呼啦圈的星球"之类的名字，让人忍俊不禁。

过去人们怎么看待土星？

伽利略（1564—1642）看着土星，画出了有点奇怪的作品。波兰天文学家赫维留（1611—1687）用的望远镜在当时是全世界最大的，但它显示的土星图像并不那么清晰。直到一位荷兰天文学家克里斯蒂安·惠更斯（1629—1695）观测后，才准确地画出并且描述了土星的形状。而另一位天文学家乔瓦尼·卡西尼（1625—1712），甚至观察到了土星环上的间隙。

土星

地球

69

克里斯蒂安·惠更斯画的土星

黑胶唱片

近距离观察土星的环就会发现，它并不是一个完整的环。它很扁，虽然面积很大，但是最薄的地方只有几十米厚！而且它并不是一整圈，而是由几千个小环组成。看过土星环最清晰的照片后，有人就把它比喻成古老的黑胶唱片。

土星
——行星环的统治者

当伽利略通过望远镜观察土星的时候，他并不清楚他看到的东西都是什么。但是他很清楚，这颗行星非常有趣，绝对值得好好研究一下。如今，我们把地球上最大的那些望远镜对准土星，还向它发射了许多空间探测器，最终发现了有价值的数据！土星是一个气态巨行星，直径差不多是地球直径的近10倍。土星上的一年，也就是土星围绕太阳公转一圈的时间，约等于地球上的30年。但是土星的一天非常短，自转一圈只需要10多个小时，因此土星的扁率（椭球体的扁度）与木星差不多。由于土星距离太阳很远，能到达那里的热量并不多。土星的上层大气温度只有零下180摄氏度。与木星差不多，土星也被厚重的大气层包裹，中心包裹着小小的岩石核心。人们想到土星的时候，眼前出现的并不是土星本身，而是土星被巨大而美丽的土星环围住的壮观景象。它是那样地巨大，从土星环一端到另一端的距离，略小于地球到月球的平均距离。

1980年"旅行者1号"
探测器拍摄到的土星

最轻的大块头

土星属于巨行星家族，它的赤道直径是地球的近10倍，体积相当于800多个地球，质量是地球的约95倍。让天文学家惊奇的是，土星的质量对于这样的"大巨人"来说实在是太小了！看看土星的截面图，那基本上就是一个巨大的气球。只有最中心的地区有一个非常小的岩石核心。让我们回到质量的话题，想象一下，面前有一个巨大的水池，我们把所有的行星都扔到水里，最后你会发现，所有的行星都沉底了，只有土星还漂在水面上！

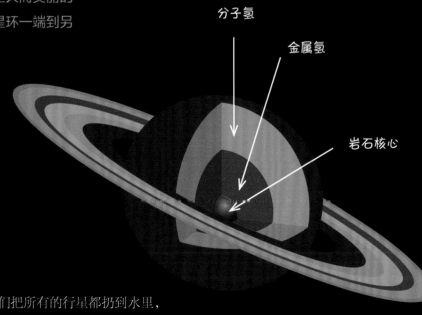

分子氢

金属氢

岩石核心

70

遥远的巨人

土星加上它的环比木星还大，但是因为它距离地球有10亿多千米，所以用望远镜观察它可以看到很美的形状，但很难观察到它的细节。最好的选择就是从近处去研究它。这也是为什么我们向那里发送了好几次航天探测器的原因，这些探测器在土星上空飞行，可以从较近的距离拍摄它。

粉碎的卫星？

古希腊人不知道土星周围围绕的是行星环。现在我们知道了，这些环是由上十亿的石头和冰块组成的，它们像卫星一样围绕着土星转动。有一些大小像球，有一些和汽车、高楼差

第一次接近

"先驱者10号"是第一台飞到木星周围的航天探测器。接着，它的兄弟——"先驱者11号"首次飞往了土星。在这之后是"旅行者"系列探测器，它们向地球发送了很多很棒的照片。不过，直到2004年"卡西尼·惠更斯号"探测器进入了土星轨道，才使得科学家有机会对其做长期的研究。

不多大。从远处看，我们看不见碎片，只看得到一圈环状物。这可能是很久以前土星的卫星炸裂形成的，又或者，土星真的在孕育自己的孩子？

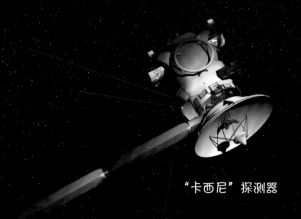

"卡西尼"探测器

机器人"卡西尼"

人们发送"卡西尼"探测器是为了代替人类，因为人不可能在离地球那么远的地方完成这样的工作。它和我们的思维有一定的相似性。天线用来听地球发出的信号，语言装置用来传送所有接收到的信息，摄像头相当于用来观察的双眼，这双眼睛不仅能在可见光下观察，也能在红外线和紫外线下进行观察。引擎可以帮助它进行空间定位。还有用于勘测土星磁场的长臂。探测器的内部有计算机系统，也就是它的"大脑"。它通过放射性燃料补充能量，这是探测器工作的能源。它还有一个"孩子"——"惠更斯"探测器，它被发送到土星的卫星——泰坦的表面。

土星的卫星
——冰雪世界

发现土星的卫星只是时间的问题，因为既然木星有自己的卫星，那么按照逻辑，跟它很像的土星应该也有。伽利略甚至怀疑，土星奇怪的"耳朵"，也是神秘的卫星。改良过的克里斯蒂安·惠更斯望远镜首先发现了土星最大的卫星，然后是几个小的。有一颗最特别的卫星名为泰坦（土卫六）。为了使以后的卫星命名保持连贯性，人们认为，最好的办法是使用希腊神话中泰坦神的名字对其命名。由于土星卫星的数量非常多，所以随后发现的卫星甚至会借鉴其他文化里的名字。的确，技术的进步使得人们能够发现更小更奇怪的卫星。有些卫星是在土星环内部被发现的，有些是被天文学家跟踪丢了，后来才再次被发现。最终，用航天探测器寻找土星卫星的时代来到了。"旅行者1号"是第一台到达土星的卫星周边的探测器。土星最大的卫星泰坦，是那么有趣，人们为了观察它甚至故意改变了探测器的轨道。"旅行者1号"也因此没能飞到其他的星球去，它的工作由它的兄弟——"旅行者2号"完成了。最有趣的是探测器"惠更斯"，它成功降落在了土卫六的表面。

布满火山口的弥玛斯（土卫一）

很早以前，人们就注意到，这颗卫星的表面有巨大的火山口。奇怪的是，促使火山口形成的陨石撞击竟然没有使弥玛斯变成碎片！

卡吕普索
（土卫十四）

墨托涅
（土卫三十二）

弥玛斯
（土卫一）

雷亚
（土卫五）

潘多拉
（土卫十七）

许珀利翁
（土卫七）

伊阿珀托斯
（土卫八）

泰坦
（土卫六）

恩克拉多斯
（土卫二）

厄庇墨透斯
（土卫十一）

忒提斯
（土卫三）

海莲娜
（土卫十二）

普罗米修斯
（土卫十六）

杰纳斯
（土卫十）

狄俄涅
（土卫四）

弥玛斯
（土卫一）

恩克拉多斯上的间歇泉

大家都知道，不应该在强光源下拍照，但是在宇宙中可以！正是在这样的照片上，人们观察到了恩克拉多斯（土卫二）上被照亮的间歇泉。间歇泉喷发出的不是甲烷，而是水。这说明在冰层下，存在好几个满足生命生存条件的天然水库。说不定那里生存着什么外星生物呢！土卫二上的喷泉是那么密集，以至于有一部分水根本不会落回到土卫二表面上，而是会进入土星的轨道，形成额外的土星环。人们注意到，恩克拉多斯丰富的水甚至进入了土星的大气层，形成云雾。

恩克拉多斯

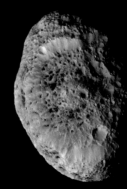

恩克拉多斯有雪花石膏色的表面

令人吃惊的泰坦

泰坦，类似于木星的卫星甘尼米德，是一个比水星——也就是太阳系里最小的行星还要大的星体！引起天文学家注意的是，人们看不到它表面的任何细节，但是在这颗卫星的四周，他们注意到了稠密的橙色烟雾。随后人们发现，这是比地球大气层密度还要高的气体层。即使用最大的天文望远镜也看不到什么，所以人们决定使用雷达来观测，以便能穿透雾层。在泰坦的表面图上人们注意到了一些奇怪的斑点，看起来像是海洋，但是那里的温度为零下180摄氏度，水是不可能流动的！于是人们向那里发送了特别的探测器来揭开谜底。

没有水的甲烷湖

那是在2005年1月。"惠更斯"探测器顺利降落到泰坦表面，拍摄了照片，并传送了数据。它的实验器上安装有波兰研发的测量温度的装置。当时谁都不知道，试验器会硬着陆还是落入海洋。最终它降落在了坚硬的地方。在从高处拍摄的照片上，人们观察到了河流、湖泊和积水。天文学家猜测这是液态甲烷湖。泰坦的世界有一点像我们地球。天空会下甲烷雨和雪，海边有波浪的声音，在橙色的天空上飘浮着甲烷云。

海绵似的许珀利翁

许珀利翁是最奇怪也最美丽的卫星之一。这是一个很大的星体，但不是球形的。它的表面看上去像是黄蜂窝！无数次的岩石撞击在冰层上留下了无数的洞，这是许珀利翁具有海绵结构的原因。它有大约一半的体积是空的！

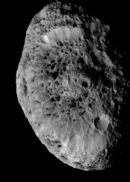

"卡西尼"探测器将"惠更斯"探测器送上了泰坦，自己留在了轨道上。多亏了它，我们才有了上千张土星卫星的美丽照片

充满科幻色彩的泰坦表面风景

土星及其卫星

——天气预报

欢迎来到我们的天气预报节目。今天是2256年10月的一天，看起来今天会很有趣。在土星的赤道上，太阳将照耀5小时10分钟。夜晚也将持续相同的时间。就像在地球上一样，离两极越近，昼夜时长差异就会越大。在土星上，一个季度的持续时间很长，一年相当于地球上的30年。想要在土星上寻找炎热之地的度假者们，应该深入到大气层更深的层次里去，不过由于低气压和黑暗的环境，我们不推荐那些没有准备的游客加入这场旅行。在大气层的外面环境更加平静，这里烟雾缭绕。我们可以欣赏破晓、日出，看到温度从零下190摄氏度上升到零下120摄氏度。与此同时，我们预计飓风将以1 800千米/时的速度向我们袭来。我们邀请想要获得视觉体验的游客们到土星环中参加灯光节，那里有绚丽多彩的自然现象，可以看到太阳光的折射和反射，但需要注意此处有许多冰的碎片。还有一个值得去的地方是喷泉公园，但要记住穿上温暖的宇航服，因为那里的温度很少会高于零下200摄氏度。虽然此时天空晴朗，但需要带伞，因为可能出现冰雪。泰坦邀请游客们去湖上划船，但湖上将伴随着雾，气温将降至零下180度，风速为60千米/时，有风雪天气预警。

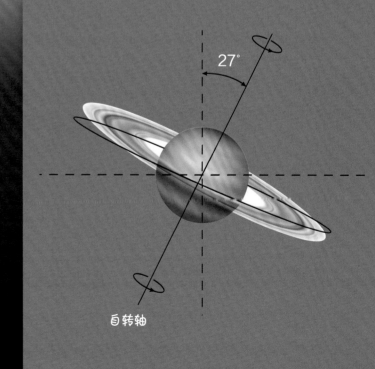

土星一年中有四季，因为它的自转轴是明显倾斜的

27°

自转轴

74

太空加油站

甲烷在地球上是很珍贵的易燃气体。在泰坦上有很多甲烷，它们主要以气态形式存在，呈现为液态和固态的较少。未来，泰坦星或许可以成为燃料工业的中心！然而，在这个第二大的土星卫星上，氧气是非常罕见的。所以燃烧甲烷所需要的氧气是需要在土星其他卫星上提取的，如忒亚。此外，氧气也可以从冰水中获得，这在雷亚上有很多。不过，将来我们还会用这种利用燃烧的方式产生的原始能源吗？

雷亚——冰冻的卫星

伊阿珀托斯上的极限运动

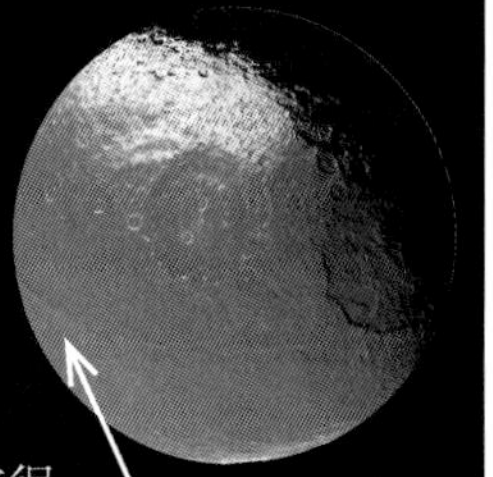

伊阿珀托斯

赤道山脊

在土星及其卫星的世界中有很多冰，许多卫星的表面覆盖着厚厚的冰层。伊阿珀托斯看起来很有趣。在照片上我们看到它被冰雪覆盖着。最奇异的景观是它赤道上独特的山脊。这道山脊几乎环绕了整个卫星，高达13千米！或许我们可以在它的山脊上玩跨栏吧？

75

土星环的彩虹

土星环主要由冰构成，而且是特别纯净的冰。"卡西尼"探测器有幸观察到了土星环彩虹的映射。可以想象，在土星环里漫游将会有多么奇妙的视觉体验！

天王星

——乔治之星还是赫歇尔之星？

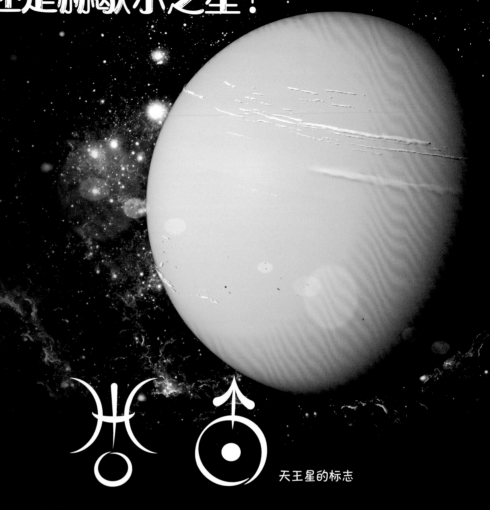

天王星的标志

1781年3月13日，一个晴朗的、没有月亮的晚上，像往常一样，威廉·赫歇尔通过在自家花园放置的望远镜看着天空。在猎户座和金牛座的交界处，他看到了一个奇怪的天体，这个天体呈现为小车轮形状，看起来不像其他星星。起初他把这个天体当作彗星，但一个月后，这个天体稍稍移动到了其他星球的背景上。它没有尾巴，四周也没有雾气。这时候，人们怀疑它可能不是一颗遥远的彗星，而是一颗新行星。两年后，大多数天文学家已经没有疑问——赫歇尔发现了土星轨道之外的另一个行星！可问题来了，应该怎么称呼它呢？要不……叫乔治吧——它的发现者提议——这是献给乔治三世的绝妙礼物。但其他天文学家不赞成这样一个谄媚的名字，鉴于赫歇尔的功劳，有人提出以他的名字来命名这颗新行星。当然，还有另一个提议：以希腊神话中天空之神乌拉诺斯的名字来命名。如果今天说起"乔治三世之星"，谁还会知道是什么呢？

哪一个象征符号？

发现一颗新行星后，麻烦不仅在取名上。选择适当的象征符号也是很难的一件事。金星的符号是十字和圆圈，火星的符号是箭头和圆圈，于是人们想，赫歇尔的发现应该用圆圈和赫歇尔名字的首字母H来表示。但是后来他们还是决定采用神话中的符号，这一符号是战神和太阳神的结合，意思是这两个神共同控制着天王星。现在天王星的符号采用的是前者。但直到今天，我们还是可以找到天王星的另一个符号，甚至是在现代出版物里。

观察天王星

有人会觉得很奇怪，天王星为何没有早一点被发现？这颗行星足够明亮，在晴朗的夜晚可以用肉眼看到。在天文学史上，有很多天文学家天生拥有猎鹰般的视力。有许多人都看到了天王星，但他们认为他们看到的是一颗普通恒星。直到赫歇尔用直径15厘米的望远镜观察时才揭开了谜底。

今天，很容易通过双筒望远镜观察天王星。然而，还需要一张标注出这颗行星位置的图，因为通过小型光学设备观察时，不可能区分出天王星和其他恒星。配备有大型望远镜的天文爱好者应该可以注意到这颗星球，但需要放大至少200倍。

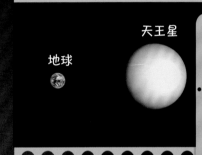

天王星的数据

位置： 太阳外第七个行星
直径： 51 118千米
公转周期： 84.07个地球年
自转周期： 17小时14分钟
太阳日长： 17小时14分钟
卫星数量： 27

地球　　　天王星

77

数学万岁！

一旦新行星的轨道被确认，人们就会将它的参数应用到神秘的提丢斯-波得定则中。用那一串数列0，3，6，12，24，48，…来确定行星与太阳的距离。事实证明，新发现的天王星完全符合这种定则！根据计算，天王星距离太阳理论上是29.4亿千米，而这个距离的实际值是28.7亿千米。几千万千米的误差在这个有趣的巧合中实在不值一提。后来，人们了解到，这个神秘的规则仅仅是由于行星轨道运动的共振而产生的。这种现象很正常。

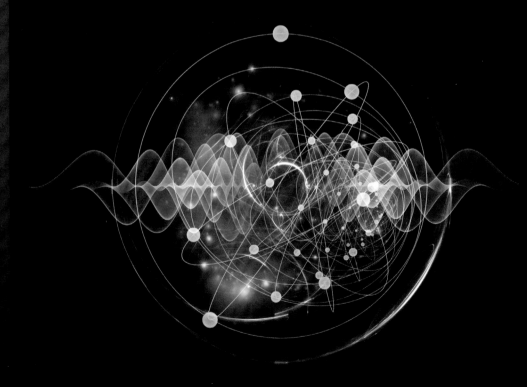

由于共振，行星的轨道形成规律的排序，就像乐器发出的声波一样

天王星
——绿松石的世界

喜欢绿松石的人肯定会喜欢天王星。这是又一个美丽奇特的世界，尽管它的秘密在"旅行者号"探测器访问它之后才被揭露。探测器的飞行速度令人目眩——大约20千米/秒，所以它与天王星的见面时间很短。1986年初，"旅行者2号"——第一台到达天王星附近的太空探测器，急匆匆地拍下了天王星及其卫星的照片——多亏它完成的工作和成千上万个科学家的聪明才智，我们现在才了解到关于太阳系第七颗行星的许多趣事。首先，天王星属于巨行星。和地球相比，天王星的直径是地球直径的约四倍。就像前两个巨行星——木星和土星一样，它也有厚厚的大气层，下面是冰层，内部是一个小岩石核心。大气中的甲烷会吸收阳光中的红色和黄色光波，其余颜色的光则被更多地反射，这就是为什么它会呈现绿松石色的原因。照片上看不到云或旋转云，就像木星和土星那样。天王星内部产生的热量较少，因此大气层更加平静。然而这颗行星运转轨迹很奇怪，自转轴几乎"平躺"在公转轨道平面上！这在太阳系行星中是个例外，因为其他行星都不像天王星那样自转轴的一端朝向太阳的方向。更奇怪的是磁场，根据探测的结果，天王星的磁场尾部就像是拧着的麻花一样。但真正值得人们关注的是这里可能有钻石矿！

移动的磁场

如果星球上有磁场，那么一般磁极是按照星球的自转轴方向分布的，但在天王星上有几个移动的磁场方向。罗盘在这里作用不大，因为它不能指出南北方向。甚至有可能天王星的磁场不是来自这个星球的中心，而是来自这个星球的其他部位。这或许是以前的灾难造成的结果？

自转和公转

和其他行星比起来，天王星自转速度不算慢。它的自转周期才17小时多一点，而它绕太阳公转的周期却很长，是84年。这也不奇怪，大土星距离太阳是地球距离太阳的20倍远。如果把地球想成苹果那么大，天王星就是篮球，远在20千米外的篮球！

78

里面藏着什么?

天王星是主要由气体组成的行星。在其由氢气、氦气及甲烷组成的厚厚的大气层之下,有一层冰层,而在中心是一个相对较小、材质为岩石且被强烈压缩着的核。

大气层(氢气、氦气、甲烷)

地幔(水、氦气、冰状甲烷)

核

钻石冰山?

我们通常认为,重达千吨的整块块状钻石是不可能出现在某个地方的……但从理论上来讲,这却是可能的!让我们来学习一下理论知识。钻石是由受到极大压力后的碳演变而来的物质,具有闪亮的外形。天王星的大气层主要由甲烷组成,而甲烷又由碳元素组成!计算表明,天王星的内部某处应该具备使液态钻石海洋存在的条件。正如我们所知,越深的地方就存在越强大的压力。所以科学家们认为,钻石也因此能够像陆地上的水一样流动!由于在水上会出现冰块与冰山,因此在流动的钻石中也可能会出现凝固的、受到巨大压力的碎块……也就是固体钻石!所以天王星内部或许隐藏着难以想象的珍宝?虽然还没有任何人发现它们,但是很多宇宙中的疯狂科学猜想已经被证实了。

就像"旅行者2号"所进行的任务一样,对天王星上钻石的勘探不是一个短期的工作,而是一个需要长期投入的大工程!

行星环

说起有行星环的行星,我们自然就会想到土星,然而其他巨行星也与土星类似,虽然包围它们的环会更零散一些。天王星周围的行星环不能被天文望远镜观测到,但却出现了遮蔽远处恒星发射的星光的现象。人们发现,在发生天王星掩星的前后时刻,曾出现了多次背后的恒星光芒消失的情况。造成这种现象的原因是暗淡的颗粒状行星环遮挡住了恒星的辉光。当"旅行者2号"飞近天王星时,我们终于在图片中看到了它的行星环。

被"旅行者2号"拍摄到的天王星周围的行星环

钻石

天王星的卫星
——诗意的幽灵

对天王星的第一个命名提议——乔治星——并没有幸运地获得所有人的认可，因此在这颗行星的卫星被发现后，又过了几十年，才决定为它们命名。天王星卫星命名的重要贡献者是天王星发现者的儿子——约翰·赫歇尔。他认为，其他行星的卫星都是根据神话传说的人物来命名，天王星的卫星也该以相同的方式来命名。又因为天王星的发现者是英国人，他便产生了一个想法，要以古代英国故事中的人物来为卫星命名。那描写古代英国故事最优秀的作者是谁呢？当然非威廉·莎士比亚和亚历山大·蒲柏莫属！在《仲夏夜之梦》《暴风雨》《夺发记》中的主人公名字就足够激发命名的灵感了。据此，在天王星附近的卫星就被称作米兰达、艾瑞尔、乌姆柏里厄尔、泰坦尼亚和欧贝隆。当从"旅行者2号"拍摄的照片上发现了其他卫星时，它们的命名也是理所当然的：精灵帕克、奥菲莉亚、碧安卡。得益于"旅行者2号"的发现，天王星卫星不再是天文照片上的一个个小点，而成为一个壮阔的行星系统。今天我们已经发现了27颗天王星卫星，但这远远不是终点。

欧贝隆

泰坦尼亚

乌姆柏里厄尔

米兰达

艾瑞尔

天王星卫星

未来的任务

"旅行者2号"掠过星球的速度太快，给科学家留下了巨大的观察缺口。因此，人们筹备开展下一项探测任务也就没什么可奇怪的了，不过这次调查只会专注于探索天王星世界。这也是个更好地了解这个行星与它迷人的卫星的好机会。现在，已经有多项计划正在筹备，但有实质进展的探测计划并没有产生。这次的任务名称会是什么呢？毫无疑问会与赫歇尔有关！遗憾的是，哪怕现在立刻发射飞船，拍到的照片也必须等到21世纪30年代之后才能见到了。

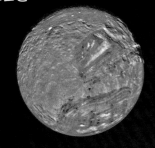

米兰达

破裂的天卫五：米兰达

当你近距离去看这颗体形不大的卫星的照片时，你会发现它的身体就像被分割成了块状！这些奇怪的砾岩会是亿万年前巨大宇宙灾难留下的吗？如果是的话，那一定是一个很严重的事件了，需要进一步的科学解释。"旅行者"探测器的轨道离米兰达最近，因此能够从照片上清晰地看到它的细节部分。最令人震惊的是那些可能深达20千米的冰峡谷！这一定是灾难期间造成的裂缝了。遗憾的是，探测器能够探测卫星的时间太过短暂，基本只能够探测到卫星正被太阳照射的一半。

不起眼的天卫二：乌姆柏里厄尔

有一些天文学家怀疑，米兰达奇怪的形状并不是宇宙大灾难造成的，而是乌姆柏里厄尔造成的，它曾经受引力作用击碎了米兰达的外壳。

乌姆柏里厄尔的质量比米兰达更大，当它在不断运动时，会对米兰达产生一定影响。不过，乌姆柏里厄尔显得很不起眼，因为它其实只是一个由肮脏的冰块组成的巨大星球，表面相对较暗，覆盖着大量的陨石坑。乌姆柏里厄尔以及米兰达的名字都出自莎士比亚的戏剧。

被峡谷分裂的天卫一：艾瑞尔

与天王星的其他卫星类似，艾瑞尔的大部分都被受污染的冰块所覆盖。不过通过探测器传回的信息，能够清晰地看见其表面深达10千米、长达数百千米的峡谷和裂缝。这些峡谷非常明显且有趣。同样，它们的名字也是来自神话传说及民间传说。

最大的天卫三：泰坦尼亚

泰坦尼亚是天王星最大的卫星，虽然它比地球的卫星要小了许多。它与艾瑞尔的外表几乎一模一样，冰壳表面也存在着大量的裂缝。

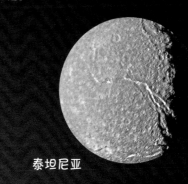

泰坦尼亚

地球、月球以及天王星卫星的大小差异

地球　月球

泰坦尼亚　欧贝隆　乌姆柏里厄尔　艾瑞尔　米兰达　帕克

81

天王星及其卫星

——天气预报

所有想到天王星去旅游的游客，都会被要求穿上最保暖的宇航服。天王星是太阳系中气温最低的一颗行星，在长阴影轨道上温度会降到零下200摄氏度。这毫不令人意外，因为其自转轴倾斜，几乎"平躺"在它的公转轨道上。这几乎意味着在42年时间中，它的一个极点就正对着太阳的方向。这虽然为它带来了极其强烈的阳光照射，但却没有带来对等的温度，因为太阳距它约有30亿千米远。与之相反的是，它的另一个极点就在同等长的时间内，一直藏在寒冷的极夜中，因此温度极低。天王星稍微温暖的地方处于大气层深处，在氨气层与水层的下部。天王星上刮着强烈的大风，赤道附近的风速能够达到360千米/时，甚至1 000千米/时（在更宽的平面内）。需要注意的是，每隔几年这里就会出现大块的云和大型旋风。

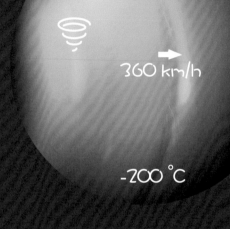

360 km/h

-200 ℃

极昼与极夜

很难描述天王星上的昼夜长短，因为这颗行星"躺"在自己的轨道上行进。位于天王星赤道的观测者能够看到太阳升起8.5个小时以上，同样的，夜晚也会持续相同的时间。然而，除去赤道外，其他区域就会陷入极昼或是极夜之中。在极点上，的白昼或黑夜会持续42年！

年及气候带

天王星围绕太阳旋转的公转周期是84个地球年，这就表示天王星上的一年是地球的84年这么长。由于轴线强烈的倾斜，能够在天王星上划分出两个明显的气候带：赤道附近的狭窄热带气候带和宽阔的极地气候带。然而，处于热带气候带并不意味着这里是温度的最高点。在夏天，受太阳照射最强烈的地区是极昼点附近。

冰冻的卫星

天王星的所有卫星都没有大气层，因此不能指望通过刮风、下雨或是云层覆盖来维持它们的温度。被冰雪覆盖了表面几十年的地区即使被太阳直射也极容易散失热量，不要指望这里的温度达到零下200摄氏度以上。

卫星的光照

大部分卫星在天王星赤道附近运动，所以它们的表面两个半球受光照条件基本类似。在赤道二分的节点（春分和秋分）会有更为均衡的照明。

卫星的质量

天王星的卫星与其他小天体一样，质量不是很大，因此引力也较弱。一个体重50千克的男子在泰坦尼亚卫星上仅重2千克，在米兰达上就更轻了！

极限旅行

漫长的黑夜与可怕的寒霜不应该成为游客到天王星卫星上寻求极限挑战的绊脚石。最有趣的卫星当属米兰达了。观赏被天王星淡蓝色的微光照射着的、覆盖了冰盖的20千米深的深渊，会成为你无法忘怀的人生体验。虽然高度令人害怕，但行走在悬崖上却并不是非常危险。即使从几千米高处掉下来也不会造成致命伤，这多亏了米兰达极弱的引力。无论是沿着峡谷散步还是在垂直的冰墙上攀岩，都会是一段有趣的旅行。

海王星
——数学的力量

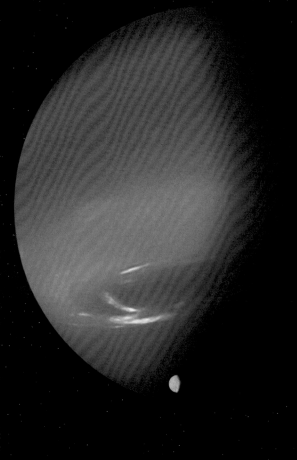

发现天王星之后，天文学家都想知道，在它的轨道外面是不是还存在着另一个行星？人们对天王星位置的精确观测表明，随着时间的推移，它正在缓慢地从理论上计算好的轨道移开；而这正是一种暗示：有一种力量在干扰它的行动！英国天文学家约翰·柯西·亚当斯甚至计算出了另一颗行星理论上应当存在的具体位置，但他的计算却以一种奇怪的方式被人们忽略了。有趣的是，亚当斯本人也没有认可自己的计算结果。两年后，法国天文学家奥本·勒威耶也计算出了扰乱天王星运行的行星的位置。但利用天文望远镜观测到这颗星球，却是德国天文学家约翰·加勒在勒威耶的请求下完成的。观察显示，这颗新的行星就在距离数学计算位置非常近的地区！那到底谁是真正的发现者呢？是英国人、法国人还是德国人呢？后来，历史学家分析天文学家的笔记时，更是疑云丛生。事实证明，亚当斯的记录在很长一段时间里不见踪影，当这些记录在智利被发现时，人们才知道它们被故意藏了起来，因为亚当斯本人完全不相信自己的结论！不过，另一些历史学家也在意大利天文观测者伽利略的笔记中发现了线索，他在比加勒还要早两个世纪之前就已经观测到这颗行星了！不过最有可能的是，他把这颗行星与普通恒星搞混了。幸运的是，今天人们已经搞清了那些误解，把数学的美丽、优雅与强大当成了天文发现的完美工具。

尼普顿
——大海之王

海洋的统治者

人们决定用尼普顿作为这颗新行星的名字，这是罗马神话中海洋之神的名字。在希腊神话中，这位神祇有着另一个名字——波塞冬。

围绕命名的争议

争议不仅发生在确定谁是这颗星球的发现者上，就像人类社会中常常出现思想的冲突分歧一样，如何为新发现的行星命名以及谁拥有命名权，也引发了巨大的争论。加勒把它命名为杰纳斯（罗马神话中的天门神），以纪念罗马神祇。英国人更想称呼它为欧申纳斯（希腊神话中的海洋之神）。法国人认为自己是第一发现者，因此想用发现者——勒威耶的名字来命名，以作为对他的纪念。不过英国人迅速提出了反对意见！法国人顽固地坚持着，说他们一直在用天王星的英国发现者赫歇尔的名字来称呼天王星，那么用勒威耶的名字来命名这颗新行星不是顺理成章吗？争议在俄国天文学家威廉·斯特鲁维的支持下得到了解决，他同意以罗马神话的海神之名来命名这颗行星。最终，尼普顿成了这颗新行星的守护神。

尼普顿的三叉戟

名字确定了，海王星的象征符号也就不是什么大问题了。尼普顿这位海洋统治者的武器是三叉戟，从此，三叉戟在天文学中成了海王星的象征符号。

海王星的标志

海王星的数据

位置： 太阳外第八个行星
直径： 49 528千米
公转周期： 164.81个地球年
自转周期： 16小时6分钟
太阳日长： 16小时6分钟
已知卫星数量： 14个

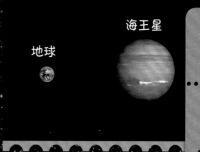

地球　　　　海王星

85

在哪儿能找到海王星？

分析最初的观测环境就不难得知，海王星并不容易被人类观测到。它光芒黯淡，与夜晚天空中超过10万颗星星混为一体！为了准确观察，大型望远镜是不够的，还需要天文望远镜，当然，最重要的是还需要一张详细的天空星谱图，以将海王星和其他恒星区分开来。由于海王星与太阳相隔很远，它移动得非常缓慢。秋天的夜晚是最适合观测海王星的时候。那时观察海王星可以以水瓶座、鲸鱼座及双鱼座为背景，看来海王星还真是海洋的统治者。它将以这个身份，永远存在于人类历史当中。

海王星

——蔚蓝色的星球

海王星看起来只是天空中的一个点。它的旋转周期为人熟知，被人们看作是有巨大体积的星球，然而即使用最大的天文望远镜也没有人能观测到它表面的全貌。这颗行星的确是太遥远了。如果把地球比作一个直径10厘米的苹果，海王星就是一个与它相距约35千米远、直径约为它四倍的球！2006年，冥王星被从行星名单中剔除后，海王星就成了太阳系离太阳最远的一颗行星了。人们一直想看清海王星的表面，但从发现它那天起等待了很久，直到"旅行者2号"在海王星附近开展调查。它拍下照片后即刻就传回了地球。无数专家学者及直播节目的电视观众焦急地等待着，然而由于距离太远以及电磁波传输速度有限，照片延迟了4个多小时后才到达地球。海王星看起来与天王星很相近。它有着同样偏蔚蓝的颜色，与天王星的大小差不多。人们立即就将这两颗行星的相似之处与另一对星球——木星和土星联系在一起。蔚蓝的色彩是大气中混有甲烷的结果。不过，海王星的蓝色更深，蓝色的色调更明显。你看，给它取个海洋统治者的名字是非常恰当的选择，虽说这纯粹是个偶然。从天王星的照片中还看不到清晰的大气细节，但是在海王星的照片里就可以看到更多细节了。

大黑斑

大黑斑

海王星表面黑色的椭圆形图案看着就像是被白云包裹的巨大的蓝色眼睛。看到这个图案就会想到木星上巨大的红色斑点。其实这是大气中的一个巨大旋涡。它附近还有许多旋涡，虽然那些斑点显得稍小一些，但却移动得更快，因此这些小斑点得到了一个名字——"滑板车"。"旅行者2号"在海工星附近停留的时间太短了，无法得到黑斑长期变化的信息。1994年，人们利用哈勃空间望远镜发现，原来位置上的大黑斑竟然不见了，而在另一半球上却出现了另一个黑斑，人们由此可以确定这是一个强大的气旋中心。

海王星表面云层

海王星附近不完整的弓形行星环

异常的磁场

人们猜测，每个具有动态内部环境的行星都会产生一个磁场，海王星也不例外。"旅行者号"长臂上的磁力探测仪发现，海王星具备一个与地球磁场非常像的磁场。但是与天王星一样，科学家也发现了一些异常现象。海王星的磁场并不是由它的内核产生的，更有趣的是，磁轴相对于海王星的自转轴也有一定的偏移。天王星的这一情况可以由宇宙大灾难来解释，灾难导致了天王星自转轴的偏移。海王星是否也遭受了巨大的打击才发生这种情况呢？或者是由于偏移机制与其他星球不同？这一切都在等待进一步的解释。

太阳系最强飓风

在大气调查中，"旅行者2号"还测量了海王星的风速。调查显示，海王星的风速能够达到2 000千米/时，而且风向是与海王星自转方向相反的！这可能是太阳系中最强烈的飓风了！

弓形行星环

由于已经发现的巨行星都被行星环包围，因此人们推断，海王星也有类似的环。"旅行者2号"发送过来的照片，证实了海王星周围存在着不完整的行星环，它们呈弓形。这些半圆环的名字都是以和海王星发现有关的人的名字命名的，如：亚当斯、勒威耶、加勒。这样一来，所有的发现者都受到了尊重与纪念。

热源

风是从哪里来的？显而易见，风是太阳对地表不均匀的加热造成的。在海王星上，这一作用要放大30倍！但它又是怎么形成所有行星中最大最强劲的飓风的呢？调查显示，与其他三个巨行星相似，海王星也有内部热源，会对大气运动造成影响。虽然大气外层较冷，但中部温度却可以达到几千摄氏度，这样的高压与高温促成了海王星上钻石的形成。

海王星内部

海王星就像其他的巨行星一样，主要由气体组成。它被厚厚的大气层覆盖，大气层由氢气、氦气和甲烷组成，大气层下则是一层冰层，再往下，星球中部藏着岩石核心。

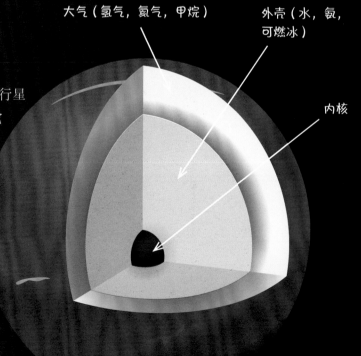
大气（氢气，氦气，甲烷）
外壳（水，氨，可燃冰）
内核

海卫一
——太阳下最冷的地方

海卫一很冷，非常冷！科学家在分析了"旅行者2号"的调查数据后宣布，海卫一是整个太阳系最冷的星球。海卫一是海王星最大的卫星，它吸引了人们极大的兴趣，科学家们甚至改变了"旅行者"探测器的探测轨迹，以便更好地探索这个有趣的星球世界。海卫一被冰壳所覆盖，更重要的是，它本身的旋转方向是与其他卫星完全相反的！这意味着它完全被巨大的蓝色海王星的引力场控制。许多证据证明，它诞生的地方位于太阳系矮行星——冥王星的轨道之外。遗憾的是，"旅行者2号"飞越海王星的时间很短，且海王星剩余的卫星都分布较远，在整个行星系统中也显得无关紧要，所以"旅行者2号"没有进行更进一步的探测。只为我们带来了海卫一这个精彩奇妙世界一个半球的照片。因此，再次探测海王星是有必要的，那时也可以借机探测一下海卫一这片被冰与黑暗覆盖的土地。

未完待续

今天我们已经发现了海王星的14颗卫星。遗憾的是，"旅行者2号"的航行轨道距离这些星球都太远了，没有办法仔细探索它们的表面。人类还在等待着新的发现。

海卫一

海王星

布满大气的卫星

"旅行者2号"早已发现围绕着海卫一的薄薄大气层了，这一发现证明了海卫一上存在稀薄大气的假说。虽然海卫一的质量与引力相对较小，气体却没有逸散进宇宙空间中。这毫不奇怪，从近距离的照片中可以观察到，它们仍然在被不寻常的物质补充着。

宇宙里的冰箱

在"旅行者2号"与海卫一碰面的时候，海卫一的南极点正朝向太阳的方向。它的轨道平面有巨大的倾斜率，这导致半球的明暗变化间隔会超过80年以上。有一些地方有足够的时间让球体表面冷却下来。因此，说海卫一是太阳系最冷的天体就毫不奇怪了。在它上面，温度会下降至零下235摄氏度。

彩色的星球

大多数卫星都会受到撞击，形成灰色或者白色的阴影。海卫一也有许多陨石坑，但却与别的卫星有所区别，它的陨石坑形成了粉色与棕铜色的阴影！事实证明，它被光照亮的部分并不只是岩石和冰块的混合层，人们还在其中发现了霜、可燃冰和硝酸。这些都是冰冻状态的易挥发物质，因此它们也可能挥发、移动到星球表面并在其他地方重新凝结。

海卫一的低温喷泉

地球上的间歇喷泉指的是从地表喷出热水的喷泉。在海卫一这么冰冷的地方我们是不能探讨关于液体的事的，但我们能在风中看到一条奇怪的黑色条纹，看起来就像黑色的烟。调查显示，这种烟的组成成分是液氮、甲烷和粉尘残余物。这条黑烟从海卫一稀薄的大气上方喷发而出，直上8千米高空。那里虽然大气稀薄，但仍然有大风，将这条黑色的条纹拖至几百千米长。

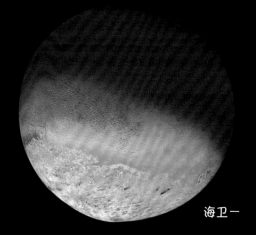

海卫一

"奇奇兽"和其他的名字

科学家为星球上的地形地貌起了很多特别的名字，大部分来自有趣的文学作品。比如星球上的平原、深坑、山脊、纹路、陨石坑等，给它们起的名字可以追溯至神话传说和世界各文明衍生出的名字。海卫一上有一块斑点就被以斯拉夫民族传说中的水怪——奇奇兽命名。

卫星上的四季

"旅行者2号"在探索完海卫一之后就离开了，此时正值地球上的天文望远镜观测太空的能力有了进一步提升的时候。的确，海卫一只能说是太空中一个闪光的小点，但人们还是注意到了海卫一上的大气温度变化，这成为证明海卫一存在四季变化的证据。

海卫一上布满了低温喷泉的冰冻表面

海王星及其卫星
——天气预报

现在我们将向宇宙游客、海王星基地工作人员以及需要冷冻治疗的旅客们介绍海王星的气候状况。由于自转速度很快，海王星的一天仅有16个小时，而它的一年则有地球上165年那么长。这就让热带爱好者必须要避开太阳系的外围地带了。一如往常，我们会不断提醒人们注意海王星厚厚的冰层。它的外层大气温度在一整天中都会保持在仅有零下200摄氏度的水平。根据记录，海王星南极点的温度比其表面平均温度高10摄氏度。这是在其南半球监测40年的结果。在海王星朝向太阳方向的几乎所有部分，一整天都能看到蔚蓝的天空。即使有白色的云朵出现，也不要期待会有降水。宇宙气象学家一直警告，当心海王星上的强烈大风。必须谨记，在海王星的赤道地区，风速甚至能够到达2 000千米/时。在大气更深层，会散发出雾、硫化氢和氨气。当温度逐渐升高，达到0摄氏度的时候，航天员就可以进一步下降了。然而那个地方的压力已经达到地球地表压力的50倍。如果是一个想寻找钻石的人，则应该继续向下深入。冷冻治疗师明天开始就会向您发出来海卫一进行冷冻治疗的邀请。在治疗过程中每天都可以提供液氮蒸汽霜浴。外部的等压空间中还会提供零下240摄氏度的环境，以及一个有玻璃穹顶的房间，保证您可以欣赏海卫一上一览无余的冰层世界美景。

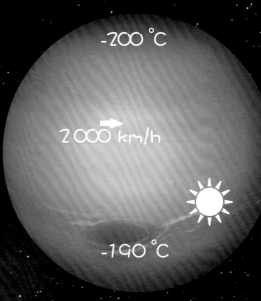

-200 ℃

2 000 km/h

-190 ℃

大气层

海卫一的大气层极难看见，但它其实延伸至冰层上方800千米处。它主要由氮气组成，气压大约是地球大气气压的十几万分之一。在海卫一上发现有风速10厘米/秒的微风，这与地球相似。通常在几千千米高的地方会出现雾气与轻薄的云层，其中也会产生轻微降雪。

海卫一

掩盖在粉色雪花中的海卫一

粉色的雪

雪是什么颜色的？谁都会立即回答，是白色！这个回答是正确的，却仅仅是在雪水清澈的情况下。其实，受化学成分和下雪位置的影响，降雪也有可能变成粉色。在木卫一上，雪是黄色的；在土卫六上，是橙色的；而在海卫一上雪是粉色的！这是冰氮与甲烷混合的结果。

海卫一上漫长的夏天

海王星围绕太阳缓慢地运动。由于自转轴的倾斜，海王星上存在着季节的变化。然而，四个季节每个都会持续超过40年。同样的情况也发生在海卫一上，这颗卫星也有一个倾斜的自转轴，且倾斜程度还在逐渐加强，这就导致夏天与冬天的区别在海卫一上显得越发明显。在21世纪初，有记录表明在海卫一上有一场漫长的夏季，这导致了海卫一稀薄大气层的温度及气压都有不太明显的提升。下一次如此漫长的夏天将会在700年后再次发生。

海卫一西方地平线上的太阳

未来探测任务

2017年，有传言说美国航空航天机构NASA（美国国家航空航天局）会启动一项探测计划，准备发送探测器到天王星和海王星轨道上。如果这个计划能够执行，我们就会有这颗蔚蓝色星球的新的照片，我们甚至还可以看见海卫一的全景图，以及冰火山的近景。遗憾的是，目前我们没有听到任何关于这个传言的后续进展，为我们提供如此多信息的航天器只有"旅行者2号"。在接下来的时间里，人类暂时只能依靠望远镜观测来对海卫一进行研究了。

对海王星的未来探测任务

火神星？

19世纪时，勒威耶是世界上最伟大的数学家之一。他通过对天王星运动的研究，发现了海王星的存在；而第一颗行星——水星的怪异运动，也令他花费了很大精力。他不惜一切代价想解开这个谜，以期发现一个更靠近太阳的行星的存在。很快，他提出了两个假设：影响水星运动的或是金星，或是另一个未知的星球。第一个假说很容易就被打破了，因为如果金星的体积、质量比理论上更大一些，就不仅会影响水星，也会影响到第三颗行星——地球！但这种影响却没有被观测到，结论也就显而易见了。勒威耶随即确定，还有一颗比水星更接近太阳的行星在围绕着太阳运动，因为没有其他任何理论可以解释第一颗行星轨道变化的原因。他提出了其中一个答案——应该有一颗新的行星，他甚至都准备好了这颗行星的名字，就是"火神"。

太阳上的
黑色斑点

在太阳光辉中

如何才能发现一个在距离太阳非常近的地方运行的行星呢？毕竟，过去对水星的观测都受到了极大地阻碍，因为它总是在日落之后或日出之前隐藏在太阳的光芒之中。在如此接近的条件下，是没有机会观测到新的行星的。因此，人们只能够继续等待，等待火神星在自己的轨迹运动过程中能够从太阳的巨盾中闪现出来。

会是一个新发现吗？

1859年，勒威耶收到了期待的消息。一位名叫埃德蒙德·莱斯卡尔博的乡村医生（同时也是一位业余天文学家），寄给了他一封信。信中提到，他看见了一个普通的黑点在太阳表面运动。黑点运动速度极快，看起来不像是太阳黑子。此时勒威耶已经观测到不止一个黑点，还观测到水星穿越太阳表面的运行轨迹。他已经知道如何来看待这些现象了。勒威耶兴奋地搓着手，他此时更加确信，他发现了火神星！

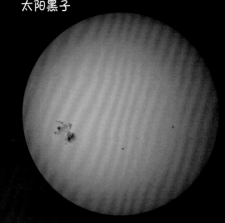

太阳黑子

是行星还是太阳黑子?

根据观察结果,勒威耶计算出了新行星的运行轨迹。他认为这颗行星应该在距太阳仅有2 100万千米的地方运行,而且它的公转周期应该只有19天!现在要做的就是等待其他天文学家确认观察到这颗火神星了,但不久之后就出现了怀疑的声音。并不是所有的天文学家都相信有新的行星存在。甚至有人找到了与莱斯卡尔博在同一时间段、用更大的天文望远镜观测太阳的人。遗憾的是,这个人并没有看到任何可疑的东西,除了寻常的黑点!

日食期间的寻找

如果行星的轨道是倾斜的,那它在太阳表面出现的机会就会更少。但还可以利用另一个现象来观测到火神星!这就是日全食。据推测,日全食会发生在1860年,于是所有的天文学家都被动员起来,在太阳附近寻找火神星的踪影。很遗憾,这一次仍然没有任何人有收获。与此同时,勒威耶又收到了关于太阳表面运行的另一个黑点的消息。他更相信,火神星是必然存在的,就是它扰乱了水星的运动!

现代观测

不过,疑问仍然存在——埃德蒙德·莱斯卡尔博和其他天文学家看到的到底是什么呢?这只是勒威耶提出的一个假设吗?还是说在太阳和地球之间的任何小行星,在移动时都会产生黑斑的效果呢?无论是或不是,现代太阳和太阳风层探测器及太阳陆地关系观测器已经排除了在水星与太阳之间的地方存在着直径大于5千米的行星的可能。

爱因斯坦的胜利

下一次日全食发生在1878年,此时勒威耶已经去世1年了,但天文学家们仍然集体动员起来。这次观测的结果依然是模棱两可的。一部分人除了已知的恒星与行星之外什么都没有观察到,而另一部分人则宣称看到了火神星!1898年日食之后,由于没有新的证据证明火神星的存在,这一争论才平息了。这个谜题直到勒威耶去世后38年才被解开。1915年,阿尔伯特·爱因斯坦解释了水星的奇怪运动。轨道变化并不是由火神星引起的,而是太阳扭曲了周围的时空。火神星就此永远消失,因为再也没有必要去解释这个谜题了。

根据爱因斯坦理论,时空会弯曲

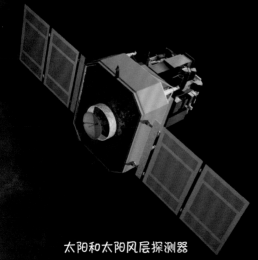

太阳和太阳风层探测器

冥王星与祖先的传说

　　很遗憾，在接近太阳的地方寻找新行星的活动以失败告终。于是人们开始猜测，是否这颗行星不在已经发现的行星轨道里侧，而是在这些行星轨道外侧呢？一部分学者甚至监测了海王星活动的奇怪现象，自然地设想出存在一颗未知的、巨大的、距太阳非常遥远的X星球。这些热心进行观察活动的观测者中，有一位名叫帕西瓦尔·洛厄尔。他之前曾在研究火星运河时犯下了错误。他是一个天文学家，也是一个财力雄厚的企业家，他投资建造了一座天文观测台。随后，他计算出了新行星的理论位置，并开始拍摄天空的照片，寻找这颗行星。令人惋惜的是，他去世得太早了。但他留下的天文台、望远镜以及人们搜寻新行星的热情都还在。那时候，人们使用几厘米厚的玻璃感光干板，通过望远镜投射星球图像。这份工作随即由年轻的克莱德·汤博接手。他比较了相隔几天内对同一片天空所拍摄的两张照片。像洛厄尔一样，克莱德争辩说，这颗看起来就像微弱的小恒星的新行星，有着不明显的运动轨迹。经过7 000个小时，他比较了将近一亿颗星星，然后在1930年2月宣布——这就是他要找的新行星！在两块感光板上显示的无数星星中间，他发现了一个移动的天体，这就是海王星轨道之外的一个新行星。接下来，需要等待另一个晴朗的夜晚，再一次拍摄照片来确认结果，还要趁此机会决定新行星的名字。

祖先的传说

　　以前发现的行星，都被赋予希腊或罗马神话中神祇的名字。那么，该怎么命名这个接下来被发现的行星呢？最终，所有人都同意了一个11岁女孩的意见，她在听了自己的祖父讲发现新行星的故事后，想出了一个主意。由于这颗刚刚被发现的行星在非常遥远的地方运行，那里既黑暗又冰冷，就像冥界一般，而罗马神话中的冥界之王就是——普鲁托（对应希腊神话中的哈迪斯）！就这样——天文学家宣布新星球命名为冥王星。

普鲁托——罗马神话中的冥王

美国人的星球，波兰人的星轨

美国人感到十分骄傲，因为冥王星是第一颗由美国天文学家发现的星球！波兰人也感到十分骄傲，因为正是波兰天文学家塔杜诗·巴那赫维奇第一个计算出了冥王星的轨道。当时还没有电脑，在纸张上运算是十分复杂麻烦的。他与其他科学家合作，创造了更简便、更精确的计算方法。依靠这个方法，在波兰人的贡献下，世界认识了冥王星的运行轨道。

地球

冥王星

95

首字母组成的符号

这个名字起得可谓非常成功！它有更深的意思，因为Pluton（普鲁托）的前两个字母"pl"正好是其发现者帕西瓦尔·洛厄尔（Percivala Lowella）名字首字母的缩写！因此，只要将这两个字母连起来，就足以当作冥王星的天文学标志了。

冥王星的标志

消失的X星球梦想

既然确定了冥王星的轨道，接下来就可以尝试计算新星球的质量与大小了。很快结果显示，这颗星球异常地小，与四大巨行星的外形并不相符。由于体积太小，它无法像洛厄尔说的那样去干扰海王星的运行。随后人们才了解到，是之前他们错误地估计了海王星的质量，才造成海王星运行轨道计算的错误。当数据被纠正后，海王星的运行失调消失了。人类关于发现巨行星X的梦想也就此消失了。

冥王星
——逐渐"退步"的星球

冥王星真的是一颗极其难观测的星球。它不像木星和土星体积那么庞大，想要仔细观察冥王星的世界，就需要使用直径至少30厘米的天文望远镜。如果地球有一个苹果大小，木星就是个直径1米的大球，冥王星则仅有2个硬币大小。这个硬币正在约50千米外的地方旋转着，没有任何一个天文望远镜能够展现冥王星的细节全貌。即便是用哈勃空间望远镜，也只能看到冥王星上的白褐色斑点而已。难怪"新视野号"探测器会被发射到这个星球附近。没错，当探测器被发射的时候，冥王星还是太阳系行星中的一员呢！这个任务应该是美国对太阳系最遥远行星研究的结束。随后不久，冥王星就被从行星名单中除名了。此后，冥王星不再是我们行星系统中一个不为人所熟知的边界守卫，而成了代号134340的矮行星。

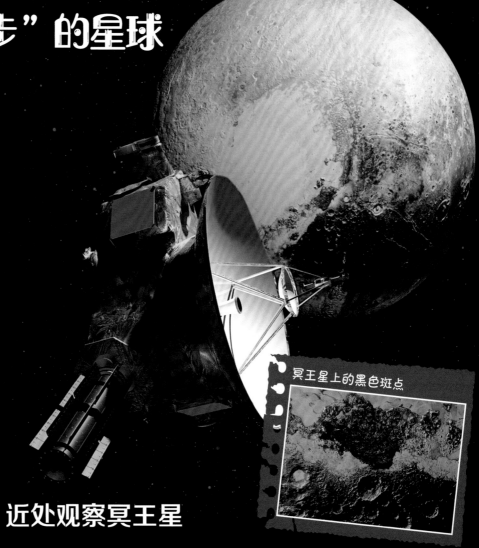

冥王星上的黑色斑点

近处观察冥王星

"新视野号"探测器的速度足够快——能够达到14 000千米/时。这个速度比子弹从步枪中射出的速度还要快！在筹备这次任务的过程中，人们就已经决定，不会让探测器自由飞行，因此能够接触冥王星进行探测的时间也比探测其他行星们的时间要短，提供给探测器拍照与调查的时间也很短。在长约10年的航行后，2015年7月14日，探测器终于到达了冥王星附近，并在接下来的几个月中传送了大量具有历史意义的近距离照片。这些照片令人震撼，第一张照片就已经让科学家惊叹不已。在照片中，除了极其多样的地形地貌之外，你甚至还能够看到山！隆起的山脉说明，在内部热能的影响下，冥王星发生过地壳运动！如果仔细观察，你甚至能从照片上看见因微弱的风而形成的沙丘。

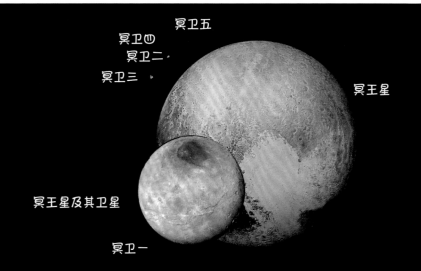

冥卫五
冥卫四
冥卫二
冥卫三

冥王星

冥王星及其卫星

冥卫一

冥王星的卫星

在20世纪60年代就有人指出，感光干板上显出的冥王星图片就像被拉长了一样。那时有人认为，这是光敏乳剂的缺陷造成的。1978年人们发现，这是一颗卫星与冥王星的光相融合，形成了一个如同逗号形状的图案。有人猜想：如果有卫星在冥王星身边旋转，就可以计算出冥王星的质量和体积！事实证明这个猜想是正确的。冥王星直径只有地球直径的五分之一还不到，甚至比地球的卫星月球还要小！

冥王星从哪里来？

天文学家提出了这样一个观点：因为冥王星比地球的卫星月球还要小，也许它曾经也是其他某个行星的卫星呢？哪一个行星距它最近呢？当然是海王星了！在海王星附近，海卫一以与海王星相反的方向旋转，而海卫二的轨道却奇异地被拉长了。也许这是它们发生过碰撞的证据？海卫一被撞得反向旋转，冥王星却被射入更远的轨道，开始围绕太阳旋转？这也可以解释海卫二运行轨道的不寻常现象。当然，这只是一种假说。

对于部分人来说它还是行星

废除冥王星行星地位的决定严重伤害的是美国人的感情。因为这是最后一个"属于美国"的行星了！人们为此经过多番讨论和确认，还写下了许多的请愿书，以期待冥王星能够回到行星的行列。许多人说，这只是一个单纯的人际协定，就像要在宇宙中命名一个新天体一样。即使这个决定已经注定不能改变，人们也希望冥王星能够被赋予一个特殊数字：0或者是200000。非常遗憾，天文学家对这些请求仍然无动于衷，他们给了冥王星一个134340的代码。这些决定令许多美国人无法接受，他们仍然将冥王星看作是自己国家的荣耀之星。在美国新墨西哥州，当局宣布，将把冥王星经过新墨西哥州天空上方的那一天，作为该州的"行星冥王星日"。

对冥王星的"废黜"

冥王星成为行星时间很短暂，只有76年。2006年，国际天文学联合会意识到，它与其他行星相比有巨大的差异，并不满足成为行星的条件，因为在海王星轨道之外还有很多与冥王星相似的星球，如果那些星球都被认为是巨大的碎片的话，冥王星又有什么资格被区别对待呢？从另一个方面来说，如果将冥王星仍然列入行星的名单中，它之后的那些星球也同样应该和它一样被列入其中，但它们却有数十亿个啊！因此人们决定，不再将冥王星当作行星看待，而只是看作一颗矮行星。反对者们不情愿地停止了反对的声音，但仍然有对此愤怒的人们在发声。

冥王星

冥王星

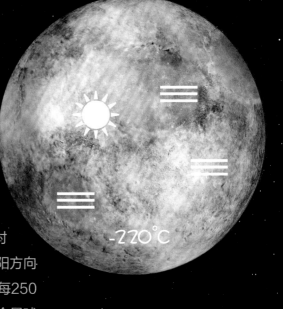

-220℃

冥王是冥界的神祇。太阳对于这块土地来说太遥远了，没有能力照耀或是让这个星球表面的温度上升，所以这里被称作冥界也就毫不奇怪了。即使在阳光充足的白天，这里也像是阴沉沉的黄昏。太阳慢慢地升起，又缓缓地沿着被雾气笼罩的暮色天空移动。地表的温度绝对不会上升到零下220摄氏度以上。只有在冥王星的轨道轴心稍微接近太阳方向的时候，星球上的温度才能够微微上升，但这一情况却十分罕见，几乎每250年才会发生一次，因为冥王星公转周期的一年就是地球上的250年。这个星球上的一天也非常漫长，要在差不多80个小时后太阳才会向西方偏移，随即开始一个漫长而极其寒冷的夜晚。在如地狱般阴森的黑影里，运行着冥王星的卫星。曾经，冥王星最大的卫星是冥卫一，名叫卡戎，卡戎是罗马神话中冥王普鲁托的役卒。亡灵的运送者——卡戎照亮了被冰冻着的漆黑无光的大地上笼罩的阴霾，但随着冥王星降级为矮行星，卡戎也不再被看作是冥王星的卫星，而是变成了与冥王星一样的矮行星。在卡戎的地平线之上可以看到冥卫五（斯提克斯）和冥卫四（科波若斯）。卡戎上存在着极其微小的引力，导致上面的一切都非常轻。也正是在这样一个冥界之中，人们为克莱德·汤博准备好了一个安葬之所。他是冥王星的发现者，人们以此来纪念这位伟大的天文学家。在"新视野号"探测器中，人们放置了一小部分这位天文学家的骨灰。

甲烷化学式

$$CH_4$$

"星球保温剂"

众所周知，二氧化碳是一种能够保持地球大气层热量的温室气体。甲烷同样也是一种温室气体，其作用效力是二氧化碳的20倍以上。当冥王星大气中的甲烷含量增加时，它的气温也会随之升高。尽管冥王星的地表温度低至零下220摄氏度，但这已经是稀薄大气受甲烷影响温度上升后的结果了。

40摄氏度？

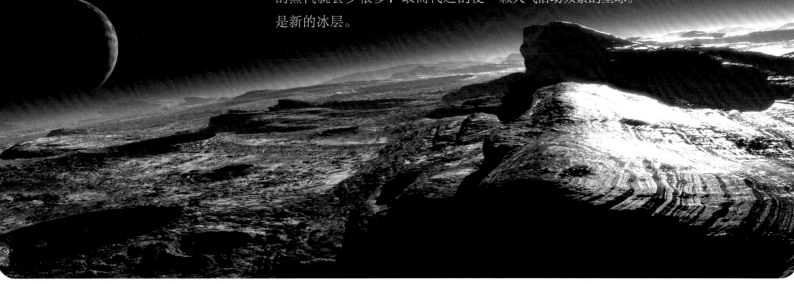

K	°C
373.15	100
363.15	90
353.15	80
343.15	70
333.15	60
323.15	50
313.15	40
303.15	30
293.15	20
283.15	10
273.15	0
263.15	-10
253.15	-20
243.15	-30
233.15	-40
223.15	-50
213.15	-60
203.15	-70
193.15	-80
183.15	-90
0	-273.15

有数据显示，"冥王星的温度曾达到过40度"，乍一看，这个温度在地球已经算得上是炎热了！但是如果你仔细看，会发现"40"后面的单位不是"°C"，而是"K"。天文学家很乐意用热力学温标（开尔文温度）来提供温度数据。有趣的是，人们普遍认为寒冷不可能没有一个度，肯定有一个温度无法再下降的界限。这个界限就是开尔文温度的零度，用摄氏度来表示就是零下273.15摄氏度。我们可以看到，冥王星不是宇宙里最冷的地方！那里的温度能有"40度"呢！当然那是开尔文温度的40度。

笼罩着雾的冥王星

冥王星绕太阳公转的轨道有些不同寻常；它不是寻常的圆。因为这个原因，冥王星有时候离太阳的距离比海王星离太阳的距离还近，那个时候冥王星表面的温度就会上升，而冰就会升华。因为冰的升华就会出现更加浓密的雾。即使这样，它离太阳的距离也比地球离太阳的距离远了30倍。再过120年冥王星就要公转到离太阳最远的一侧，到那个时候冥王星上的蒸汽就会少很多，取而代之的便是新的冰层。

宁静与祥和

冥王星的大气层很稀疏，主要是由氮、甲烷和一氧化碳组成。那里的气压同样非常低，能让人想起在学校实验室里制造出的真空环境。气体虽然很稀疏，但还是占据着星球表面乃至距离地表约1 600千米高的空间。因为冥王星与太阳的距离十分遥远，太阳没有办法扰动这么稀疏的大气层哪怕一丝一毫，而且到达冥王星的热量非常少，所以目前星球表面没有风（就是那种地球上正常意义上的风），虽然很久以前冥王星可能是一颗大气活动频繁的星球。

类冥矮行星

——成千上万的冥王星

　　有些时候我们很难理解天文学家。他们创造定义，但这些定义非但没有把自然形成的事物系统地说明白，反倒增加了人们对它们理解的困惑。比如在2005年，当冥王星还是行星时，天文学家居然发现了一个比冥王星还大（新证据显示，它比冥王星小）的家伙！于是所有人都认为——我们太阳系有10个行星了。人们为那个新发现的星球取了一个很合适的名字——齐娜（Xena），因为X作为古罗马数字时代表10，而它正好是第十个被发现的太阳系行星！不久以后，天文学家们还发现了围绕齐娜（当时还算行星）转动的卫星。人们给它取名为加百利。在2006年正式定义行星概念的时候，天文学家把冥王星给排除了。同样的，在同一时间被发现的齐娜以及其他几个距日距离超过海王星的星球也被排除在外。当时有许多人抗议，不同意这个决定。可惜的是齐娜不仅失去了行星的身份，甚至被剥夺了名字。那么我们怎么称呼这个星球呢？厄里斯（希腊神话中的纷争与不合女神）如何？这个名字被确定下来。于是它的卫星就改名为迪丝诺美亚，也就是厄里斯女儿的名字，在希腊神话中，她是无法无纪、争执和暴乱的象征。

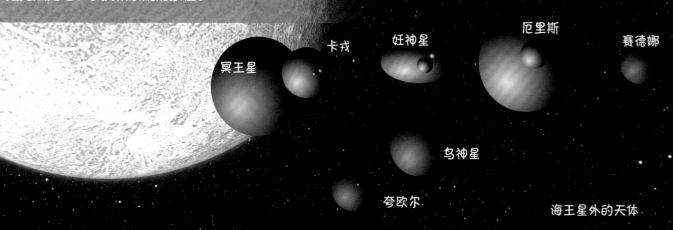

冥王星　卡戎　妊神星　厄里斯　赛德娜

鸟神星

夸欧尔　　　　　　海王星外的天体

海王星外的天体

　　在20世纪90年代，人们开始发现大量位于海王星轨道之外且围绕太阳转动的天体。之前人们就已经预料到要为这些天体重新建立一个天体群，因为如果想要给每一个新发现的天体都取一个名字，那么不久之后就会有成千上万个天体等着我们。于是就像为了区分出火星和木星中间地带的天体群，把它们叫作小行星带一样，人们也想这样给海王星外的天体集体取个名字。那么应该怎样区别它们和小行星带呢？它们几乎都是球形的，就叫矮行星吧。但是同属于矮行星范畴的还有谷神星，它是唯一一个位于小行星带的矮行星！于是人们就建立了海王星外矮行星子群。这时又出现问题了——它应该取个什么名字？是冥王的矮行星，还是冥王矮行星，又或者是其他？最后人们敲定——类冥矮行星。

柯伊伯带天体

这是另一个海王星外天体子群，以圆形的轨道著称。第一个此类型的天体当时被命名为QB1，从那以后整个天体群就叫这个名字。属于这个天体群的有鸟神星、夸欧克和卡俄斯。赛德娜有更加扁平的运行轨道，因此没有被归为柯伊伯带天体。

夸欧尔

夸欧尔

这是一个与赛德娜差不多大的矮行星，它们的颜色也差不多。它的名字可不一般，取自印第安文化中的神。夸欧尔的温度与这类星球差异不大，不超过零下230摄氏度，夸欧尔星上的1年等于地球的300年。

赛德娜

它于2003年被发现，名字取自北极神话传说中的赛德娜冰雪女神。赛德娜的直径近1 000千米，它离地球有这么远的距离，即使用最大的天文望远镜来看，也只是一个淡棕色的点。它长什么样？或许与火星有些相似。能肯定的是，这颗星球上有火山口、岩石平原和冰川。那么如果我们有朝一日能够登上这颗星球，又会是怎样一番景象呢？太阳在那里只是漆黑天空中的一个亮点。根据分析，围绕赛德娜的椭圆形状的雾是由烟尘和岩石碎块组成的。

赛德娜的艺术画

厄里斯的数据

位置： 位于海王星轨道外
直径： 2 326千米
公转周期： 558个地球年
自转周期： 25小时54分钟
太阳日长： 25小时54分钟
已知卫星： 1个

地球

厄里斯

是鸟神星还是复活节兔

2005年复活节期间天文学家又发现了一个海王星外天体，于是就出现了一个好笑的提议——不如就叫复活节兔吧！复活节兔完美地配合了之前发现的天体的名字——圣诞老人星。很可惜国际天文学联合会后来规定，圣诞老人星改名为妊神星，复活节兔改为鸟神星。

在艺术家的想象中，遥远的鸟神星表面是这个样子的

彗星

——被冰封的历史

在讲解太阳系的过程中，我们已来到远超冥王星的地方，但这仍然不是我们想象之旅的尽头。可能每一位天文学家都曾经思考过一个问题——是不是还有天体在更遥远的地方围绕太阳转动？不难猜测，在那里运动的天体的体积必定不会太大，不然人们早就用天文望远镜发现它们了。它们距离太阳如此远，温度肯定会极其低。那么如果这样冰封的小天体运动到太阳系的中心，会发生什么呢？它的温度要升高，而冰块会迅速激烈地升华，使周围变得雾蒙蒙的。在它靠近太阳的过程中，天体周围的雾在太阳风的吹拂下，会形成一个指向太阳反方向的"尾巴"。如此，彗星便诞生了！于是人们通过逻辑推理认为，彗星的核就位于太阳系的边缘！如果一个小冰块在运行的过程中过于靠近太阳，它就会分解升华。如果它围绕太阳运动，保持一定距离，之后它便又会渐渐远离，朝着太阳系边缘运动。但如果它在运行过程中被一个行星所干扰，那么它就会缩短轨道并围绕太阳做周期性运动，在运动的过程中"尾巴"会不断变长。今天这些道理简单明了，通俗易懂，但是在不久前彗星的出现还曾一度引起过恐慌。

宇宙送来的生命分子？

1986年，当哈雷彗星回归太阳附近时，人们朝它发射了几个宇宙探测器。虽然探测器发回来的照片模糊不清，但能肯定的是彗星的彗核会向外喷发尘埃与气体。气体中混有水蒸气、干冰、氨气和甲烷。之后的研究表明彗星上的冰还储存着有机物，甚至还有氨基酸，也就是合成蛋白质所必需的有机分子。

不幸的象征

亚里士多德认为彗星就是大地呼出的热气。他觉得彗星如果出现在地平线上，就意味着在遥远的地区有大量水分蒸发，将出现干旱；或出现迅猛的洪水，淹没广阔的大地。不管它意味着什么，远在地平线那一端的地方总会有不好的事情发生。因此人们认为彗星的出现象征着即将发生的灾祸。

天上的扇子

有些彗星真的非常亮，人们甚至在白天就能看见它们！晚上彗星的尾巴会更加分散稀薄，占据大部分天空，人们仅用肉眼就能清楚地看到。彗星经过几天或几个星期的时间划过天空，之后便消失在地平线的某个地方。这样美丽的景观几年或者十几年一遇。如今，再也没有人会害怕彗星，相反地，天文学家正在积极引起人们对彗星的注意：它们是有趣的天体，千里迢迢从海王星外地区飞到地球来。

2014年拍摄到的67P彗星冰冷的彗核

2006年发现的麦克诺特彗星及其美丽的尾巴

哈雷彗星

哈雷彗星的数据

位置： 穿过水星和冥王星轨道之间（哈雷彗星的运行路径不在行星轨道面上），围绕太阳运动

大小： 16千米×8千米×8千米

公转周期： 75.32个地球年

太阳日长： 7天10小时

103

太阳系物质冷冻箱

彗星是由脏雪和石块组成的不规则物体，一般不会很大，长度最多只有几千米，但是在彗星里冰封的是太阳系形成之初至今的完整历史。我们在地球上或者在其他行星上都找不到从太阳系形成初期一直保存到现在的化石，因为所有的石块都已被地心多次熔化。因此彗星可能是保存50亿年前太阳系物质的完美冷冻箱。科学家之所以如此积极地往彗星上发射成批的探测器也就不难理解了。

彗星上的降落

2004年，"星尘号"航天器穿过彗星尘埃，获取了一部分尘粒并储存在了特制的气凝胶收集装置中。收集到的尘粒被运回了地球，以便科学家能够分析这些物质的组成成分和化学构成。一年后，"深度撞击号"成功撞击彗星，激起的尘粒和蒸汽飞向太空。不远处的探测仪检验了彗星彗核所包含的矿物质数量。2014年，"罗塞塔"彗星探测器经过十年的飞行，最后成功找对位置，抵达67P彗星附近。观测结果表明，该彗星由两个不规则的如同砾岩的部分组成。整个彗核多孔，长度约4千米。对于"罗塞塔"彗星探测器释放的"菲莱"彗星着陆器来说，彗星这个降落目标并不大。当年11月，该着陆器成功降落。

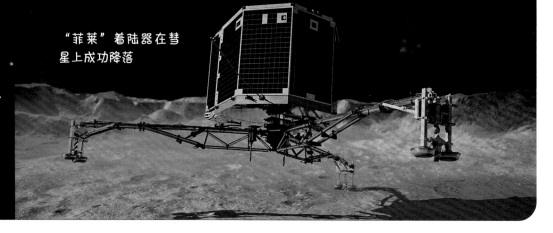

"菲莱"着陆器在彗星上成功降落

尼比鲁

——从未存在的星球

现在已经数不清有过多少次世界末日预言了……安全度过一次预言中的大灾难，马上又会出现下一次。最近一次世界末日恐慌发生在2012年，当时有人预测尼比鲁行星将会撞击地球。虽然天文学家解释称尼比鲁行星根本不存在，但是仍旧有许多人胆战心惊地等待着审判年的到来。这所有的一切要从1995年的一次误解开始说起。当时，有一个名叫南希·里德尔的美国女人向世界宣称，她是一位通灵者，能够从外星人那里获取消息。她声称，世界末日将要到来，有一个巨大的天体将冲向太阳系的中心，届时地球上所有的文明成果都会被毁灭。地球文明毁灭的时间预测为2003年5月。1997年，天上出现了海尔-波普彗星。它当时异常闪耀，即使站在灯火通明的市中心也能注意到它的存在。之前爆炸性新闻的制造者声称这不是一个正常的天体，而是一个正在接近地球的外来文明的产物。虽然这样的言论在今天会遭到嘲笑，但当时有许多人选择相信南希女士。结果证明，世界并没有灭亡，但是却迅速又兴起了新的末日预言，这一次世界末日所预测的时间变成了2012年12月。

不祥的X星

当人们相信这些谣言后，就出现了许多猜测，究竟撞击地球的会是什么呢？在这种情况下，永远是那些对问题一知半解的人在夸夸其谈。那么什么样的星球最能制造轰动呢？当然是X星啊！因为一些人说它存在，而另一些人则坚称它不存在。连天文学家也受到影响，一边否认X星的存在，一边又在发现齐娜星之后，悄悄把它的名字改成厄里斯！最后他们却说这根本就不是行星。这难道不让人们产生怀疑吗？不光是天文学家，就连NASA也解释说这只是个误会，但很多人都不相信。

海尔-波普彗星

玛雅日历结束就是世界末日？

虽然世界一点也没有灭亡的迹象，但是有些持怀疑态度的人却认为，世界末日可以从另一个方面来印证。毕竟玛雅日历在2012年就会结束啊！而且玛雅人和巴比伦人都清楚地知道21世纪将会有大灾难到来！世界上有一半的人相信这些根本不是什么奇怪的事情。灾难观的拥护者们为此变得非常兴奋，以至于任何其他重要的争论已经不在他们的考虑范围内了。

105

理智思考不是坏事

NASA的专家曾经这样说过，让我们用逻辑来思考一下。想一想吧，如果真的有一个不明物体正朝着地球运动，想要把地球撞成两半，那它的体积肯定会很大，至少也会有月球那么大吧！如果距离世界末日真的时日不多，这就意味着，这一不明物体应该离地球很近。那么离地球较近的行星从地球上看是什么样的呢？我们眼前就有活生生的例子啊，我们用肉眼就能看到，它还是天上最明亮的东西——太阳或者月亮，如果这个星体已经能够威胁到地球，那么它至少看起来得有太阳或月亮那么大了。这就相当于我们每个人都会亲眼见到那个神秘的逼近地球的天体！但是目前没有一个人能看见它，这也是攻破谣言的证据——根本没有什么尼比鲁星或者X星在朝着地球运动。

带来毁灭的尼比鲁

如果将要撞击地球的不是X星的话，那又会是什么？有可能是尼比鲁吗？这一想法是《第十二个天体》的作者撒迦利亚·西琴提出来的。确实，尼比鲁星在几千年前就已经被居住在美索不达米亚平原的居民描述过了。西琴还说，这个在远古时期就已经家喻户晓的天体每隔3 600年就会回到地球附近。有些人注意到，这跟之前预测的大灾难的时间完全吻合！天文学家解释说，尼比鲁星其实就是木星，但解释没有任何效果。一些阴谋论的支持者说，毁灭性的星球离我们已经很近了，而NASA却试图隐瞒这一事实。

星球的诞生

——在宇宙尘中形成

我们所熟知的一切都诞生于46亿年前，所有涉及地球和太阳系其他行星的东西都在那个时候形成，但这并不意味着在那之前的宇宙里什么都没有，一片虚空。给你们讲一个故事吧。很久很久以前，在广袤无垠的宇宙中漂浮着一团由尘埃和气体构成的巨大的物质，它漫无目的地飞着，一部分四散开来，还有一部分聚集了起来。尘埃最密集的地方就会形成引力。这一点都不奇怪，毕竟一般而言，在宇宙中质量大的物质引力就大！因此那些聚集起来的物质就开始积累越来越多的气体和尘埃。就像宇宙中经常发生的那样，各处都形成了旋涡。大旋涡出现在大质量的物质周围。接下来发生的变化就像在比萨店里做比萨一样，当我们把一个面团稍稍抛起，放在手上旋转，它就会被拉长摊平。与此类似，原始星球周围的巨大扁平的宇宙尘埃云的形成，同样也是这个道理。当气体相互挤压的时候，气温会升高。宇宙尘旋涡的中心温度会升高就是这个原理。当温度上升到几百万摄氏度的时候就开始了热核反应。通过这种方式，最初的太阳就形成了。之后，周围的尘埃云开始四散脱离。但是尘埃云的分散并不意味着会影响到星球的形成，正相反，在这些分散了的宇宙尘中，随后便形成了最美丽的杰作——太阳系。

最初的太阳

原始星盘，行星的诞生地

行星的形成

尘埃被分成一个个碎片，这一过程是很重要的，因为每一部分尘埃都会形成像之前一样的尘埃气体星盘，而每一个星盘都有自己的自转方式，形成新的星球内核。当聚集在一起的不规则且松散的大块气体和尘埃达到几千或者几十千米大小时，它开始吸引周围的物质。这些物质覆盖在表面，形成新的表层，这些表层以每年十几厘米的速度增长。最终，当物质积累得足够多时，引力就会使得最初聚集起的物质形成球的形状。这样就形成了行星。

体形小且满是岩石

当新生成的太阳发光发热的时候，尘埃云中的物质被自然地划分成了各个区域，由此形成了行星。靠近太阳的地方非常炎热，因此气体中包含的水蒸气无法凝结。太阳风可以轻易地吹开离自己很远的小物质，而留在炎热区的主要是没有被太阳风吹走的尘埃、颗粒和石块。因此可以推测出，离太阳最近的行星是由这些尘埃和岩石汇聚而成的。由此便形成了最初四个行星（水星、金星、地球和火星），这几个行星都是岩石星球，有着坚硬的表层和相对来说较薄的大气层。

体形大且充满气体

那些被太阳风吹到远处的气体就成为接下来四个行星（木星、土星、天王星和海王星）的"建筑材料"。那里也有尘埃和颗粒，但被吸进正在形成的原始行星周围的主要是氢气和氦气。因此这些行星迄今为止岩石核心都很小，而围绕在周围的大气层却非常厚。远离太阳就会变得寒冷，因此水蒸气很容易就能变成霜和冰。那么当我们知道那些远离太阳的巨大行星的卫星和行星环是由一个个球形的脏冰组成的时，就不会感到奇怪了。

常态还是偶然

太阳系的形成过程显得这样有逻辑，这样地美丽而自然。我们希望在其中找到支持地球形成是个奇迹的证据：地球所处的位置刚刚好，不前不后；地球的岩石地壳如此之大，足够我们行走；大气压力不大不小；水能以液体的形式存在。但是探索的结果证明，地球形成的故事在宇宙哪里都可能发生。通过望远镜，我们能观察到在遥远的地方同样有类似的扁平气体-岩石星盘，那里也有行星诞生。那么我们能够在那里找到地球的替代品吗？

小型岩石和小型冰态星体

当大型行星形成之后，它们就会通过自己巨大的体积和质量带来的巨大引力来吸引周围的物质，因此就形成了许多围绕在其周围的卫星。对于距离稍微远一点的物质，它没有办法吸引。但是大质量行星的影响会作用在小块岩石上，并且会干扰旁边行星的形成过程。到目前为止，木星周围只有岩石小行星环，而没有行星。另一些小型物质聚合体会在行星们的轨道之外形成，但那附近温度极低，因此会形成小型冰块，它们之中有一些就是彗星的彗核。

恒星北落师门周围物质所组成的星盘

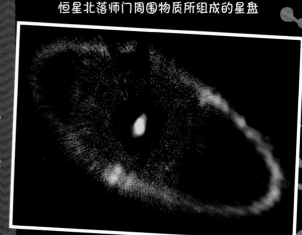

行星生命的黄昏
——重归尘土

　　没有人会喜欢积极、美好、美丽的事物消亡，但是很可惜，太阳系第三颗行星上的生命就是这样美好的事物，最后依旧会归于灭亡。当我们在书上找到有关地球未来的预言时，总会有悲伤的一段话预示着所有生命的结局永恒不变，那就是灭亡。这些话千篇一律，基本上都类似：地球上将要出现毁灭性的大灾难。当然，归于消亡是自然界永恒不变的真理。可能在地球形成以后的25万年左右，第一次大劫难就出现了。当时有颗恒星朝着地球运动，当然，这个恒星不会给地球造成直接的伤害，但是它扰乱了处在太阳系边缘的一个个冰块。那些被影响的冰块更加频繁地往太阳系中间靠拢，而地球似乎成了阻碍它们靠近中心的障碍物。哪怕地球只与其中一个相撞，后果都是致命的。今天，毫无疑问地，最有可能造成世界末日的就是太阳。如今太阳已至中年，仍旧照耀、温暖着我们，但是未来的日子将不再这么好过。再过大约10亿年，太阳所释放出的热量越来越强，人们也将会迎来忍受不了的那一天。两极的冰川将会融化，大洋的海水大量蒸发。月球也会加剧气温的反常变化，大约30亿年以后，月球将会运动到离地球很远的地方，由于月球不再稳定地球的自转轴，地球的自转将变得混乱不堪。同样混乱的还有温度。地球将会同如今的金星一样。50亿年后，太阳越变越大，越变越热，最终会吞没水星与金星。地球将被灼烧，飘荡在太阳大气层边缘的地球残余部分也会变得焦黑，就像炼钢炉里留下的残渣。所以人们在看到这样的序言后不愿再往下翻看也极为正常。那么我们对未来的猜测还能再乐观一些吗？

末日审判

火星的地球化，意思是把火星的生存条件变得与地球类似

不久的将来

为了人类更好的生存，首先应该解决生态问题，同样急需解决的还有社会问题，资源浪费问题和流行病问题。我们必须监测地震的发生与火山的爆发，及时预警。人类很聪明，一定可以想办法解决这些问题。如果我们没有自己给自己制造麻烦，如果人类还能解决冲向地球的危险天体，改变它们既定的轨迹，那么小行星将会成为完美的稀有矿产资源库，彗星将会成为冰冻的水库！

稍远一些的将来

人们应该怎样应对来自太阳的热浪？虽然我们没有办法让烧得过旺的壁炉降低温度，但我们可以离它远点啊！当地球已经很热的时候，火星的温度就会刚刚好！那时星际旅行已经很普遍了。不仅如此，人类在火星上除了安营扎寨以外，还可以进行改造活动，说不定就能把火星变成第二个地球，有大洋、蓝天和可供呼吸的空气。那时候还有谁会惋惜地球怎么会这么热？毕竟有人的地方就是家。

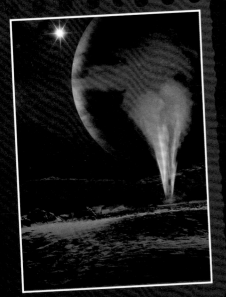

未来木星卫星上的喷泉

遥远的未来

再过50亿年，地球上真的会变得非常热。太阳也会比现在大250倍。地球不堪忍受热浪的炙烤，而火星也不适合人类居住。那么我们到时候应该做什么？人类必须远远地逃离太阳的灼热。但是逃到哪里去？大体积的行星没有坚硬的星球表面，但是它们的卫星有！虽然现在这些卫星上还覆盖着冰层，但是将来它们就会成为十足的"水星"！而我们将会选择移居到其中的一颗卫星上。相信那些星球上的景观一定很美。能够肯定的是届时土星已没有我们所熟知的行星环，但占据土星卫星地平线的将会是硕大的土星和巨大的太阳。人们即使厌倦了一个卫星上的景象，还有好几十个新世界，新的旅游景点可供度假选择。太阳系的未来一点都不灰暗！所有的一切都依赖于我们每一个人的明智选择。就从今天开始。

脉冲星的世界

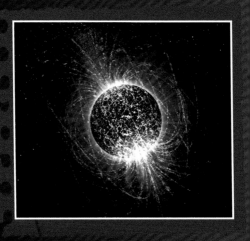

中子星，图中的线是磁力线

记得那是1992年，几乎所有天文学家都在计算估测，到底有多大可能发现在其他恒星周围运行的行星。不要觉得奇怪，毕竟每一个恒星都是一个巨大的天体，都或多或少与太阳类似。我们的太阳系已经很多姿多彩了，但是在宇宙中一定有许多相类似的星系！很可惜，当时的观测方法还不能精确找到在类日恒星周围运动的行星，但是……谁说这些行星只能围绕那些类日恒星运动？天文学界有一条不成文的共识，如果一种物体的存在有一点点的可能性，那么与它相类似的物体肯定存在于宇宙的某个角落。从理论上来讲，行星是可以围绕任何一个大型天体运动的。比如，它们可以围绕脉冲星做圆周运动！虽然错失过一些机会，也经历过很多失败，但毕竟观察脉冲星的方法要比观察普通恒星的方法精准得多。最终他们成功了！来自托伦尼古拉·哥白尼大学天文馆的波兰天文学家亚历山大·沃尔兹森完成了这次颠覆性的大发现。在哥白尼以后五个世纪，波兰天文学家发现了第一个太阳系外星系，它由脉冲星和三个围绕脉冲星的行星组成。

发现过程

美国阿雷西博射电望远镜坐落在波多黎各南部的海岸线上。亚历山大·沃尔兹森就是在那里发现了某个脉冲星不寻常的脉动情况。因为脉冲星发射脉冲波的频率非常稳定，而那颗脉冲星的脉冲频率却时快时慢。这意味着，肯定有什么东西影响了它的脉冲运动。当天文学家计算出阻碍运动的物体时，发现这些以脉冲星为中心运动的天体体积都不是很大。于是太阳系以外的行星系——太阳系外行星系就这样被发现了！

行星还是太阳系外行星？

在太阳系外没有发现行星时，我们只把围绕太阳运动的球形天体称为行星，这些行星的轨道固定，也没有障碍物。从这个定义出发，冥王星并不是行星，于是我们把它定义为矮行星。不过，围绕其他恒星或者恒星残余物做圆周运动的天体，我们也不单纯称它们为行星，而是称为太阳系外行星！

太阳系外行星的世界

发现如此陌生的天体这一消息，激起了人们天马行空的幻想。每个人都想知道，那些行星究竟长什么样。虽然没有人亲眼见过那些太阳系外行星，但是天文学家却能透露出许多信息。这些行星中有两个与地球的质量相近，但是很可惜，它们一点也不像地球。两个行星在距离脉冲星很近的地方做圆周运动。高速自转的脉冲星每秒钟都会发射几次电子束。行星在这种环境下不可能拥有水和大气层，因为这些"柔软"的物质很容易就会被脉冲星所释放的能量"吹"走。

旋转的怪物

脉冲星是一个神奇的天体。它是恒星以大爆炸的形式结束自己的生命后留下的残余物。恒星内核失去热源后就会抛射物质，体积由地球的130万倍缩小至直径为十几千米。巨大的质量在逐渐变化中达到了难以想象的密度，变成了中子星。刚开始缓慢的自转逐渐加速，甚至能够达到每秒钟几百转的速度。周围的磁场也变得异常强大。自转的脉冲星会在很长一段时间内发射两股电子束形式的脉冲，就像海上的灯塔一样。如果不受干扰，脉冲星自转会非常稳定，因此接收到的电脉冲信号如果有任何不正常，都会引起天文学家的怀疑。

自转的脉冲星所发射出的电子束

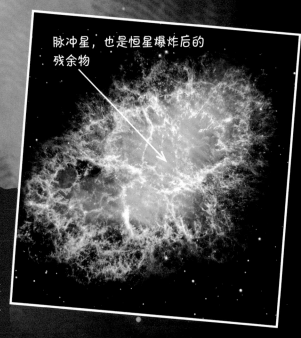

脉冲星，也是恒星爆炸后的残余物

恒星爆炸后留下的气体和尘埃云，其中就有脉冲星

浴火重生的凤凰

你一定很难理解，恒星爆炸后，那些围绕它转动的行星是哪里来的？大爆炸本应该毁掉整个星系啊！事实是，那些如今围绕在脉冲星周围，干扰到地球接收脉冲波的太阳系外行星就是由爆炸后的尘埃形成的。这很可能就是之前星盘上诞生的第二代星球了。这个信息十分重要，因为如果行星出现在本不应该出现的地方，那么它们就更应该在宇宙中寻找适合它们生存的其他地方。宇宙中肯定有很多太阳系外行星系。

太阳系外行星

太阳系外行星有很多。表面上来看，那些行星只是恒星诞生或者重生的时候附带形成的。很久以前我们的直觉就在告诉自己，既然宇宙里有这么多恒星，而且每一颗恒星都像太阳一样，那么行星就应该到处都是。毕竟单单在太阳系里，围绕在太阳周围的行星就有八颗，还有数不尽的小天体。几个世纪以来，人们夜晚望着天空，潜意识里总会问自己一个问题：外面的世界究竟藏在哪里？光靠肉眼我们就能看见好几千颗恒星，用天文望远镜就能见到几百万颗。于是有人估算，宇宙中恒星的数量比地球上的沙粒还要多。因此如果宇宙中到处都在形成行星，那么它们的数量肯定多到难以想象。它们会在哪里？数量是多少？我们如何能找到它们？这些可能就是每一个天文学家和天文爱好者最喜欢思考的问题。

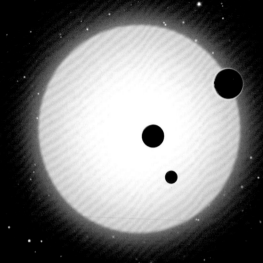

开普勒11是一颗恒星，在它周围运行着6颗行星。有时候几颗行星会同时掠过恒星表面

围着灯转的飞蛾

晚上，你能看见围着直径几千千米的灯飞舞的飞蛾吗？实际上这是有可能的！小小的飞蛾代表行星，巨大的灯代表恒星。我们可以设置一个非常灵敏的光线感应器来监测大灯，如果大灯的光线稍微有一点点变弱，那就意味着它的周围有飞蛾！如果多次出现短时间的光线变暗，就说明

有东西在绕着大灯飞！这就是凌日法的原理，较暗的物体掠过恒星表面会挡住恒星发射的光线。凌日法是如今发现大行星的最精确方法。毕竟在天文望远镜上，有能够精确测量光线的仪器。如果我们注意到恒星微弱的光线变化，就能够估计周期性围绕其运行的天体的大小。问题是：如果天体

运行的轨道角度比较大，它就会从恒星上方或者下方通过，这样一来地球观察者就看不到天体挡住恒星的光线了！这种情况下，利用凌日法找到遮挡恒星光线的行星的概率就不是很大了。

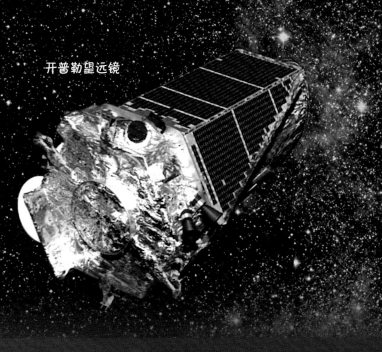

开普勒望远镜

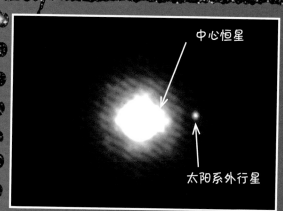

中心恒星

太阳系外行星

太阳系外行星照片

开普勒望远镜

　　怎样才能在短时间内发现更多的行星？只能测量众多恒星的亮度，然后看运气。开普勒望远镜就是如此工作的，望远镜取开普勒的名字，是为了纪念这位研究行星运动的天文学家。为了排除能够影响恒星亮度的大气干扰因素，人们把望远镜发射到太空中。天文学家选择了恒星数量最多的一块地方进行观察，用这种方法有机会同时获得多达10万颗恒星的亮度数据！天文学家经计算发现，如果有一颗类地行星在围绕其中一颗恒星运行，发现它的概率，也就是它穿过恒星表面的概率只有0.5%。这概率很小，但是在观察到的10万颗恒星中，也应该有大约500颗出现行星凌日现象！可惜的是，在2013年时，开普勒望远镜发生了重大故障，但在结束任务前它成功发现了4 000多个天体，其中已确定的有近1 000个行星，未确定的天体里可能还有行星。

看看太阳系外行星

　　人们用开普勒望远镜观察到了行星周期性运动造成的恒星光线变暗，但是没有人亲眼见到过太阳系外行星。它们的图像只有通过世界上最大的望远镜才能获得。行星被发现的条件是体积要大，还要离中心恒星较远，只有这样行星才不会被恒星的光芒所掩盖。多亏了建在智利的欧洲南方天文台，我们才得到了其中一颗行星的照片。

"德尔塔2号"运载火箭
把开普勒望远镜送入太空

超级地球

如果能发现第二个地球，那一定会是个大新闻！人们已经写过许多发生在类地星球上的科幻故事，拍过许多类似的科幻电影。不光是天文学家，全人类对于新家已经想象了几个世纪。相信几乎每个人都曾问过一个问题：会不会存在一个外星球，那里有氧气，有大面积覆盖的水，还有适合人生存的温度。我们如今已经知道宇宙中有各式各样的行星，那么我们完全可以推测，这样的星球一定存在于宇宙的某个角落。我们怎么发现它们？最容易被发现的就是体积比较大的行星。这些行星肯定很像我们太阳系里那些没有坚硬表层的大个头——木星和土星。如果要寻找岩石星球，那么它的质量应该与地球相近，或者质量更大一些。这些行星最容易在离恒星较近的地方被发现。最后我们终于发现了超级地球！如今我们已经发现了几个质量和体积都与地球相近的行星。我们还能够大致描述那里的环境。

冰与火

超级地球柯洛7b是一个很有趣的星球，距离我们490光年。它围绕温度稍稍低于太阳的恒星转动。那里的环境与地球完全不同。这个超级地球的直径是地球直径的2倍，它与恒星的距离也只有地球与太阳距离的60分之一。面向恒星的一面表面温度保持在2 000多摄氏度，而背对恒星的一侧，气温则十分低——只有零下200摄氏度。那里很可能没有可以缓冲温差的大气，因为距离它很近的恒星肯定在很久以前就把周围的气体层给"吹"跑了。行星上肯定也没有日夜之分，因为它总是用同一面对着恒星。这个古怪行星的"向阳"面覆盖着岩浆，而背阴的一面覆盖着厚厚的包含着火山灰的冰层。它的轨道运行速度很快，20小时就能公转一圈。那里的"一年"前所未有地短。

超级地球柯洛7b（右侧）和它的恒星

第二个地球?

如何才能找到比柯洛7b更加类似地球的行星呢?应该关注的是那些离中心恒星距离较远或者所围绕的恒星温度较低的行星!2007年科学家找到了一颗这样的行星——格利泽581c。这颗行星围绕一颗橙色的恒星格利泽581旋转,恒星的温度是太阳温度的百分之一。这颗行星距离恒星比地球距太阳近了十几倍,因此行星上的温度在0~50摄氏度之间徘徊。行星上可能存在大气层,大气层里还有云,云层能够形成丰富的降水,补充河流和湖泊。既然行星距离恒星这么近,那么恒星对它的引力也就很大,所以格利泽581c总是一面对着恒星。行星的一半总是白天,一半总是黑夜。它上面有生命吗?没有人能够回答这个问题。2008年10月,人类向它发送了已编码的信息。如果行星上有回应,那么信号将在2049年返回地球。

格利泽581c(左侧)所在的星系

115

能看见三重日落的行星

三个太阳

来自托伦的天文学家马切依·科纳基,提出了许多普通人都会问的问题:在太阳系外行星的天空中能见到两个太阳吗?又或者更多的太阳?假设存在这样的行星,那么它将会围绕两个或者多个恒星转动,而且它的运动轨迹并不稳定。先别急着否定,不找一下试试,怎么知道一定没有呢?马切依开始寻找这样的行星,结果真找到了!虽然找到的行星与地球相比更像太阳系中的木星,但是我们很容易就会想到它有卫星!那么想象一下我们站在它的卫星上,在没有一片云彩的天上能看见一颗硕大的行星,靠近地平线的地方有两颗正在西落的"太阳",而不久前还有一个"太阳"刚刚落下地平线。很棒吧,对不对?

图书在版编目（CIP）数据

星球大百科 /（波）耶日·拉斐尔斯基著；赵祯等译 . -- 成都：四川科学技术出版社，2020.10（2023.2 重印）
（自然观察探索百科系列丛书 / 米琳主编）
ISBN 978-7-5364-9966-9

Ⅰ.①星… Ⅱ.①耶… ②赵… Ⅲ.①天文学—儿童读物 Ⅳ.① P1-49

中国版本图书馆 CIP 数据核字 (2020) 第 202670 号

自然观察探索百科系列丛书
星球大百科
ZIRAN GUANCHA TANSUO BAIKE XILIE CONGSHU
XINGQIU DA BAIKE

著　　者　［波］耶日·拉斐尔斯基
译　　者　赵　祯　袁卿子　许湘健
　　　　　张　蜜　白锌铜　吕淑涵

出 品 人　程佳月
责 任 编 辑　肖　伊
助 理 编 辑　陈　欣
特 约 编 辑　米　琳　郭　燕
装 帧 设 计　刘　朋　程　志
责 任 出 版　欧晓春
出 版 发 行　四川科学技术出版社
　　　　　　成都市锦江区三色路238号 邮政编码：610023
　　　　　　官方微博：http://weibo.com/sckjcbs
　　　　　　官方微信公众号：sckjcbs
　　　　　　传真：028-86361756
成 品 尺 寸　230mm×260mm
印　　张　7.25
字　　数　145千
印　　刷　宝蕾元仁浩（天津）印刷有限公司
版次 / 印次　2021年1月第1版 / 2023年2月第2次印刷
定　　价　78.00元

ISBN 978-7-5364-9966-9

本社发行部邮购组地址：四川省成都市锦江区三色路238号
电话：028-86361770　邮政编码：610023
版权所有　翻印必究